U0876981

剪映短视频剪辑＋即梦AI从入门到精通

（手机版＋电脑版＋网页版）

顾百万　张锡娟　编著

化学工业出版社

·北京·

内 容 简 介

本书是一部剪映与即梦AI的实战教材，详尽介绍了两个软件的使用方法，助力读者快速精通。随书附赠了丰富的教学资源，包括130多分钟教学视频、170多页PPT教学课件、230多个素材效果文件、40多条AI提示词、13课时的电子教案，帮助读者更好地学习和掌握相关技能。

本书分为“剪映篇”和“即梦AI篇”。

“剪映篇”首先引导读者入门，了解剪映的优势、手机版与电脑版的区别及云盘同步功能，随后指导读者下载、安装并熟悉界面与核心功能。接着深入讲解剪辑、调色、音频编辑、文字编辑等核心操作技巧，并介绍一键成片、图文成片、剪同款等高效功能。此外，还详细阐述了AI文案、AI作图、AI剪辑、AI配音、AI音效、AI特效等AI功能的应用，以及蒙版、关键帧、抠图、变速等高阶用法，并通过电脑版综合案例，展示从文案到成品的全过程。

“即梦AI篇”则首先介绍即梦AI这一创作软件；随后讲解AI文生图、AI图生图的具体操作，并介绍文生视频与图生视频的创作方法；最后探索AI局部重绘、智能扩图、AI生成音乐等智能新玩法，并通过网页版综合案例，全景式展示即梦AI的使用流程。

本书适合对剪映与即梦AI感兴趣的读者，以及对短视频剪辑有需求的人群，也可以作为学校相关专业的教材教辅。

图书在版编目（CIP）数据

剪映短视频剪辑+即梦AI从入门到精通 ： 手机版+电脑版+网页版 / 顾百万，张锡娟编著. -- 北京 ： 化学工业出版社，2025. 8. -- ISBN 978-7-122-48932-6

Ⅰ. TP317.53

中国国家版本馆CIP数据核字第2025L9Q114号

责任编辑：郭　阳　李　辰　　封面设计：异一设计
责任校对：边　涛　　装帧设计：盟诺文化

出版发行：化学工业出版社（北京市东城区青年湖南街13号　邮政编码100011）
印　　装：天津市银博印刷集团有限公司
710mm×1000mm　1/16　印张$13^3/_4$　字数280千字　2026年1月北京第1版第1次印刷

购书咨询：010-64518888　　售后服务：010-64518899
网　　址：http://www.cip.com.cn
凡购买本书，如有缺损质量问题，本社销售中心负责调换。

定　　价：88.00元

版权所有　违者必究

前言 PREFACE

一、写作驱动

在数字化时代的大潮中，短视频以其独特的魅力和高效的传播方式，迅速成为信息传播的重要载体。而剪映与即梦AI的出现，更是为短视频创作领域注入了新的活力。在学习和应用这两款软件的过程中，广大创作者普遍面临一些痛点问题，下面具体介绍。

痛点1：创作效率低

在快节奏的数字时代，如何快速构思、拍摄、剪辑并发布高质量的短视频，成为创作者们面临的首要难题。传统的创作流程烦琐且耗时，难以满足当前市场对短视频时效性的高要求。

痛点2：创意表达受限

尽管剪映和即梦AI等工具提供了丰富的素材和模板，但如何在这些功能的基础上融入个人创意，打造出独具特色的短视频作品，仍是许多创作者面临的挑战。缺乏创意灵感和有效的表达方式，往往导致作品同质化严重，难以脱颖而出。

痛点3：技术门槛较高

对初学者而言，掌握复杂的剪辑技巧和AI工具的使用方法是一项艰巨的任务。技术门槛的存在，不仅限制了创作者的发挥空间，也增加了学习成本和时间成本。

二、本书特色

本书旨在通过深入挖掘读者的痛点，为广大读者提供一本全面、实用、易懂的短视频剪辑与AI生成教材。希望通过学习本书内容，读者能够更好地掌握短视频剪辑与AI生成技术，提升实践能力，为未来的职业发展奠定坚实的基础。下面介绍本书的几大特色。

特色1：剪辑创作，AI赋能

传统剪辑与AI创作并蓄，本书不仅传授剪映的经典剪辑技巧，还会引领读者探索即梦AI的创新创作功能，让技术与创意并驱前行。

特色2：三版覆盖，全面兼容

手机版、电脑版、网页版全面覆盖，兼顾所有用户需求，无论身处何地，何种设备，都能轻松学习，自由创作。

特色3：资源丰富，系统性强

为了解决学习资源零散的问题，本书提供了丰富的学习资源，包括230多个素材效果文件和770多张图片素材，为创作者打造了一个全面、系统、有针对性的学习环境。这些资源不仅有助于提升学习效率及效果，还能激发创作者的学习兴趣及创造力。

归纳而言，本书意在细致探索并解决创作者的实际需求，以剪映和即梦AI两大平台为基石，打造一本既全面又实用、语言通俗易懂的实用手册。我们寄望于通过悉心研读本书，读者能够迅速上手软件应用，显著提升短视频创作水平，从而为个人职业道路的长足进步打下牢固的基础。

三、教学资源

本书提供的配套教学资源及数量如下表所示。

教学资源及数量表

序　号	教学资源	数　量
1	电子教案	13课
2	素材	112个
3	提示词	42条
4	效果	125个
5	视频	107个
6	PPT课件	176页

四、获取方式

如果读者需要获取书中案例的素材、效果、提示词、视频、教案和课件，请使用微信“扫一扫”功能按需扫描右方的二维码即可。

扫码获取教学资源

五、特别提示

1. 本书涉及的各大软件和工具的版本分别是：剪映手机版为15.3.0版，剪映电脑版为7.3.0版，即梦AI手机版为1.3.1版。

2. 在编写本书的过程中，是根据软件和工具的当前最新版本截的实际操作图片，但书从编辑到出版需要一段时间，在此期间，这些工具的版本、功能和界面可能会有变动，请在阅读时，根据书中的思路，举一反三，进行学习。

3. 需要注意的是，即使使用相同的提示词，AI工具每次生成的回复和效果也会存在差别，因此在扫码观看教程时，读者应把更多的精力放在指令的编写和实际操作的步骤上。

本书由顾百万与张锡娟编著，其中第1章至第9章由顾百万编写，第10章至第13章由张锡娟编写，感谢特约编辑陈怡蓉参与资料整理。由于编写人员知识水平有限，书中难免有些疏漏之处，恳请广大读者批评、指正。

目录

CONTENTS

【剪映篇】

【即梦AI篇】

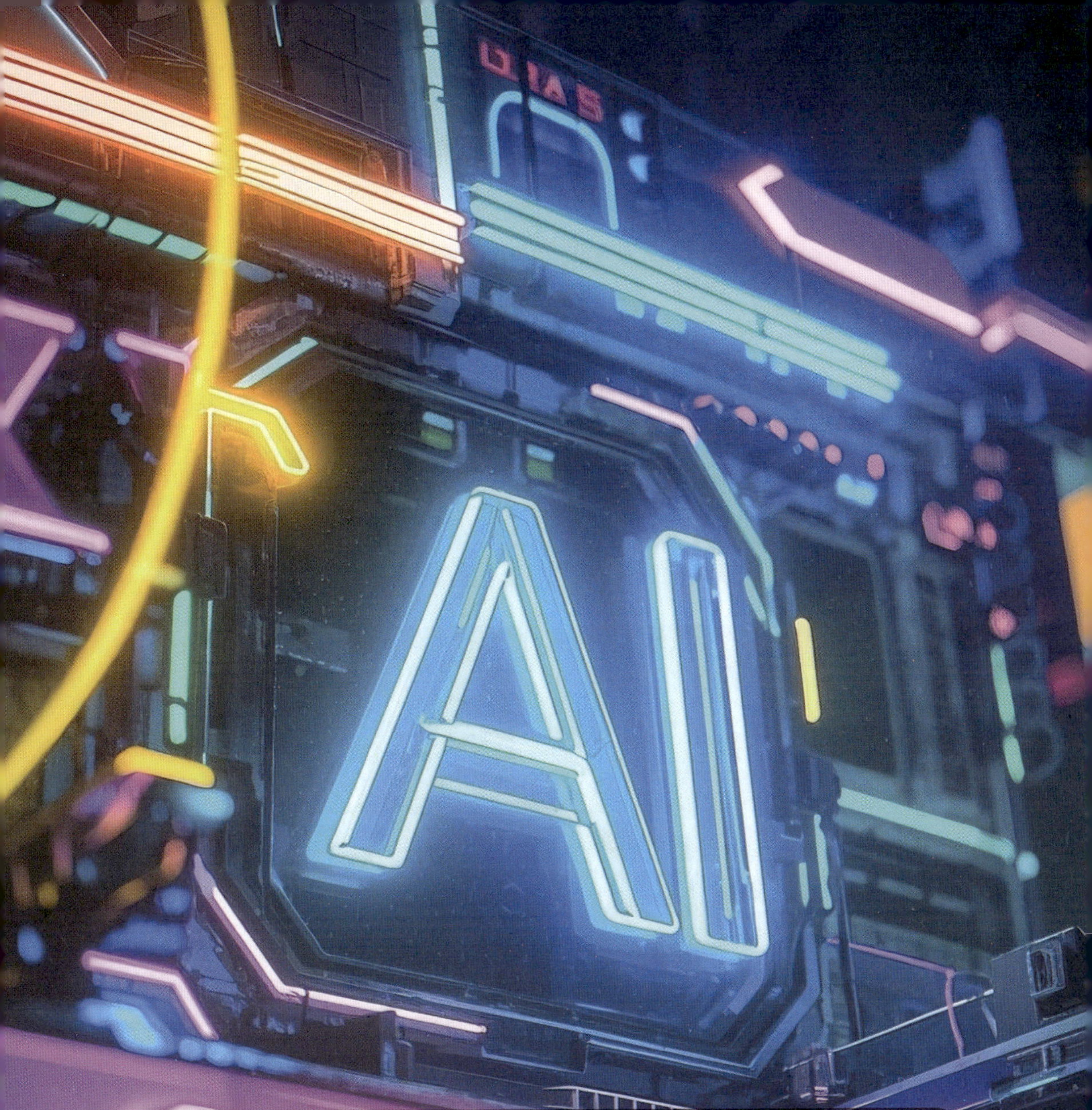

【剪映篇】

第1章　剪映入门

本章开启剪映学习之旅，逐步揭示其剪辑功能的魅力。本章介绍剪映的核心竞争力，同时对比不同版本的特点，并介绍云盘功能带来的便捷。随后介绍下载和安装流程，确保用户能够快速开始创作。最后，通过全面介绍界面与功能，让用户开启创意剪辑之门。

1.1 了解剪映

本节任务是介绍剪映这款视频剪辑软件，包括剪映在短视频剪辑方面的优势特点，同时对比分析手机版与电脑版的功能差异，并介绍剪映利用云盘实现的多设备同步编辑功能，为视频剪辑提供全面支持。

1.1.1 剪映剪辑短视频的优势

扫码看教学视频

剪映作为一款专为短视频创作者打造的剪辑工具，以简洁、直观的界面让初学者也能迅速掌握，丰富的视频效果提升了作品的专业度，强大的音频编辑功能增添了视频的情感深度，实时预览功能加快了剪辑进程，而高清视频导出则确保了在分享或展示作品时的卓越画质，如图1-1所示。

图 1-1　剪映界面图

剪映集成了多种实用功能，包括导航栏、功能区和草稿等，旨在提升创作体验。下面介绍剪映具备的多项显著功能。

❶ 导航栏：剪映的导航栏设计让用户能够便捷地定位到所需功能区，例如“首页”“模板”“我的云空间”“小组云空间”“热门活动”等，确保用户操作的流畅性和效率。

❷ 功能区：剪映的功能区包括“开始创作”“视频翻译”“AI口播创作”“智能裁剪”“图文成片”等功能，为用户提供了全面的编辑选项。

❸ 草稿：剪映草稿箱是用户保存和整理剪辑中的视频项目的安全空间，方便用户随时继续创作和修改。

1.1.2　剪映手机版与电脑版的区别

扫码看教学视频

在掌握剪映剪辑短视频的优势后，下面将对比分析剪映手机版与电脑版的功能差异，帮助用户根据具体需求选择合适的剪辑工具，从而实现更高效、更灵活的视频创作体验。

1.1.2.1　手机版

（1）便携性与即时性：剪映手机版具有轻便、易携带的特点，非常适合外出或在移动环境下进行快速剪辑和即时分享。其触控界面直观、友好，使得操作简单、快捷。

（2）基础编辑功能：尽管功能相对精简，但手机版依然覆盖了基本的视频剪辑需求，如剪辑、拼接、添加滤镜和音乐等，满足日常快速剪辑的需要。

1.1.2.2　电脑版

（1）专业性与全面性：剪映电脑版则提供了更为全面和专业的剪辑功能，包括高级调色、多层轨道编辑及复杂的特效处理等，适合对视频质量有较高要求的创作者。

（2）性能优势：得益于电脑更大的屏幕和更强大的处理能力，电脑版能够支持更高分辨率的视频编辑，预览和导出速度更快，适合长时间编辑和精细调整。

两者均通过云盘功能实现多设备间的无缝切换和同步编辑，为用户提供灵活、高效的视频创作体验。

1.1.3　剪映多设备同步剪辑的云盘功能

扫码看教学视频

深入剪映的便捷功能，不得不提的是其强大的云盘同步机制。下面将介绍剪映如何通过云盘实现多设备间的无缝剪辑同步，学习如何利用这一功能提升视频创作的灵活性和团队协作效率。

剪映的云盘功能是其跨平台协作的一大亮点，它允许用户在不同设备间无缝切换剪辑工作，极大地提升了视频创作的灵活性和效率。

（1）多设备同步：通过剪映云盘，用户可以轻松地将项目文件从手机同步到电脑，或从电脑同步到手机，确保在不同设备上都能继续之前的剪辑工作，无须担心数据丢失或重复劳动。

（2）实时更新：云盘功能支持实时同步，无论在哪个设备上做出的更改，都会立即反映在云端和其他同步设备上，确保创作的一致性和连续性。

（3）灵活协作：对于团队合作的项目，云盘功能也提供了极大的便利。团队可以各自在不同的设备上剪辑同一项目，所有更改都会实时同步到云端，促进高效协作。

（4）空间管理：剪映云盘还提供了一定的存储空间，用户可以根据需要上传和管理自己的视频素材和剪辑项目，方便随时取用和剪辑。

综上所述，剪映的云盘功能不仅增强了跨设备剪辑的灵活性，也为团队协作提供了有力的支持，是用户不可或缺的工具之一。

下面介绍使用剪映多设备同步剪辑的云盘功能的具体步骤。

步骤 01 在电脑中打开剪映电脑版，登录并进入剪映电脑版，在要备份的项目右下角单击按钮，在弹出的列表中选择“上传”选项，如图1-2所示。

图 1-2 选择“上传”选项

步骤 02 在弹出的面板中，❶选择对应的文件夹；❷单击“上传到此”按钮，如图1-3所示，即可将选择的项目上传。

步骤 03 将项目备份至云端后，单击“我的云空间”按钮，如图1-4所示，弹出相应的界面，可选择上传的文件夹，查看上传的项目，这里自动进入刚刚选择的文件夹。

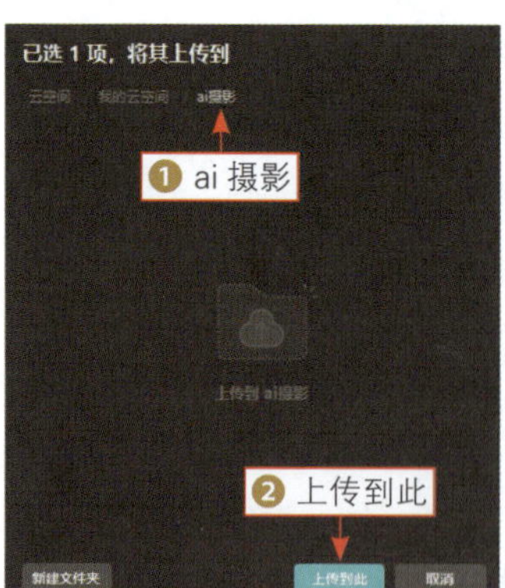

图 1-3 单击“上传到此”按钮

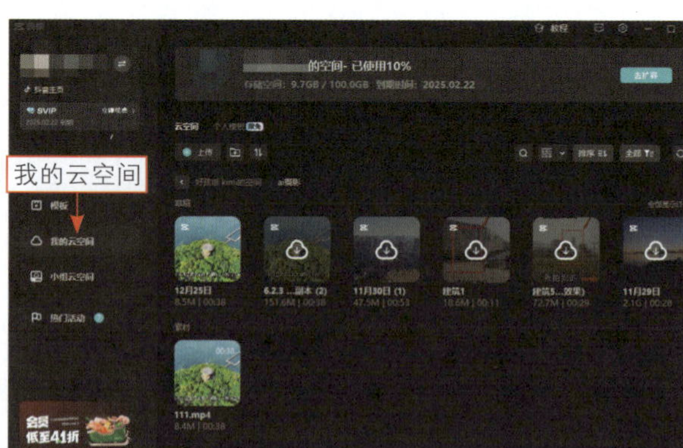

图 1-4 单击“我的云空间”按钮

步骤04 在手机上打开剪映App，登录同一个抖音账号，在主界面点击“剪映云”按钮，如图1-5所示，进入“云空间”界面，可以看见之前备份好的视频项目。

步骤05 选择“我的云空间”选项，进入对应界面，选择合适的选项，在进入的界面中会显示上传至云空间的项目，点击对应项目下方的“下载”按钮，在界面下方弹出“已添加至下载列表”对话框，如图1-6所示，表示已将项目文件下载到剪映手机版中。

步骤06 返回主界面后，可以看到该项目显示在“剪辑”选项卡中，如图1-7所示，点击项目缩略图，即可打开视频剪辑界面，在手机端继续进行后期剪辑。

图 1-5　点击“剪映云”按钮

图 1-6　弹出相应对话框

图 1-7　项目显示在“剪辑”选项卡中

1.2　下载并安装剪映

掌握了剪映的基础知识与优势后，接下来将介绍如何将剪映带入日常创作。无论是手机还是电脑，安装过程简洁明了，确保每位用户都能便捷地迈入视频剪辑的新世界，快速开启个性化的创作旅程。

1.2.1　手机版的下载与安装

扫码看教学视频

接下来将详细介绍剪映手机版的安装过程，确保用户能够顺利地将这款功能强大的视频剪辑工具安装到手机设备上，为接下来的视频创作之旅铺平道路。下面介绍下载和安装剪映手机版的操作方法。

步骤01 在手机中打开应用市场App，在搜索栏中输入并搜索“剪映”，如图1-8所示，在搜索结果中，点击剪映右侧的“安装”按钮。

步骤02 稍等片刻，下载安装成功之后，在其中的界面点击“打开”按钮，如图1-9所示。

步骤03 进入剪映手机版，点击“抖音登录”按钮，稍等片刻，弹出相应的界面，在左上方显示抖音头像，如图1-10所示，即登录成功。

图1-8　输入并搜索“剪映”

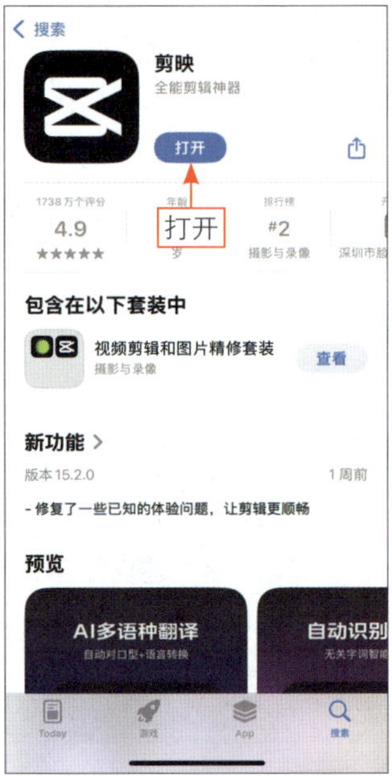

图1-9　点击“打开”按钮

图1-10　显示抖音头像

1.2.2　电脑版的下载与安装

扫码看教学视频

了解手机版之后，接下来转向电脑端，下面将介绍剪映电脑版的下载与安装，旨在为用户提供一个高效、直观的剪辑平台，以便在更广阔的屏幕上释放创意。

步骤 01 在电脑自带的浏览器中搜索并打开剪映官网，在页面中单击“立即下载”按钮，如图1-11所示。

步骤 02 弹出“新建下载任务”对话框，单击“直接打开”按钮，如图1-12所示，即可打开剪映电脑版。

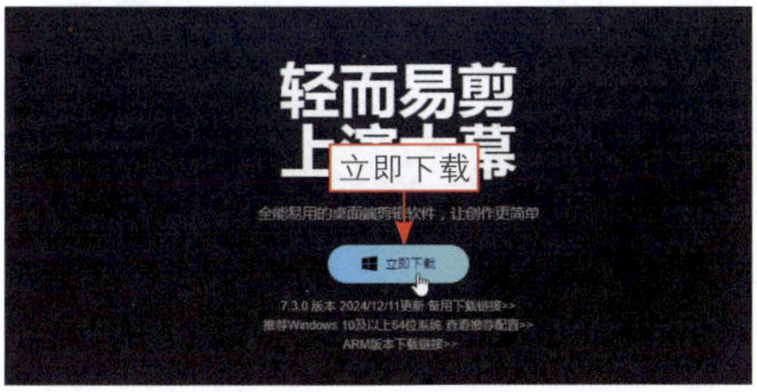

图 1-11　单击“立即下载”按钮

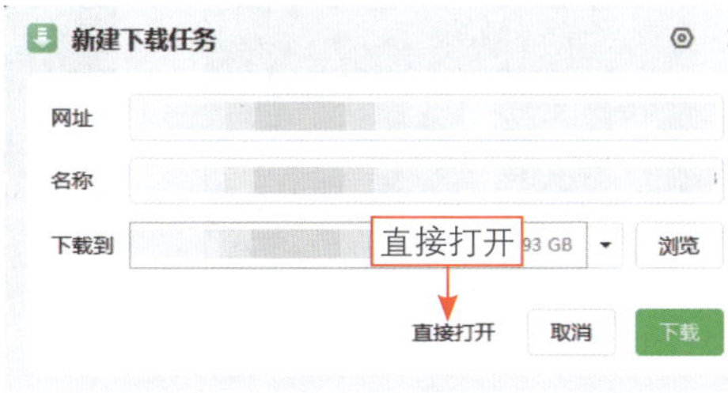

图 1-12　单击“直接打开”按钮

步骤 03 下载并安装成功之后，进入剪映电脑版首页，单击左上方的“点击登录账户”按钮，如图1-13所示。

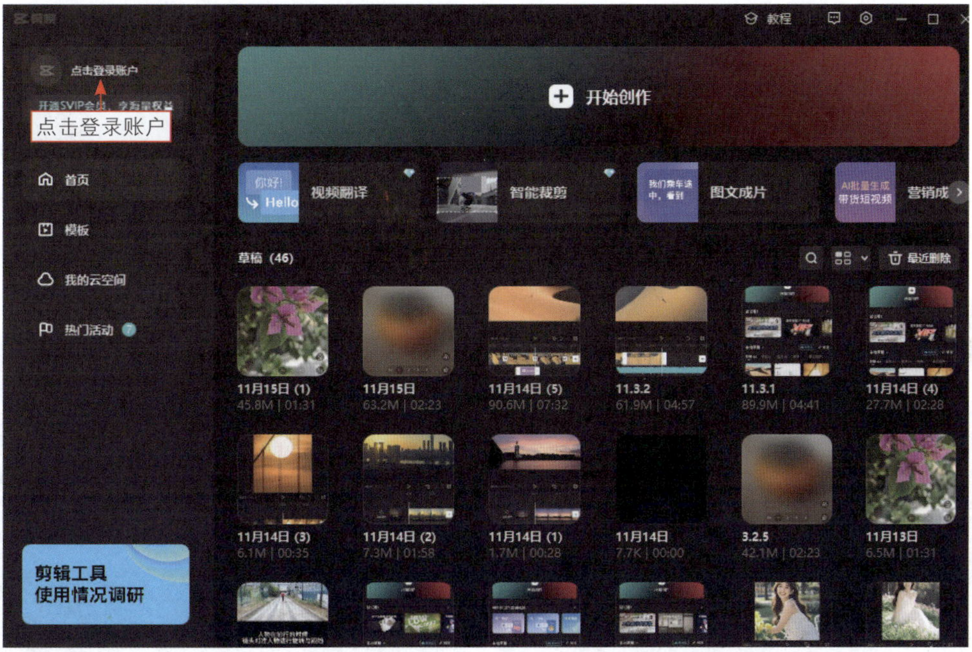

图 1-13　单击“点击登录账户”按钮

步骤 04 弹出“登录”对话框，电脑版有两种登录方式，❶用户可以选中相应的复选框；❷单击“通过抖音登录”按钮，如图1-14所示，登录剪映。

步骤 05 返回首页，在左上方显示抖音头像，如图1-15所示，即登录成功。

图 1-14　单击“通过抖音登录”按钮

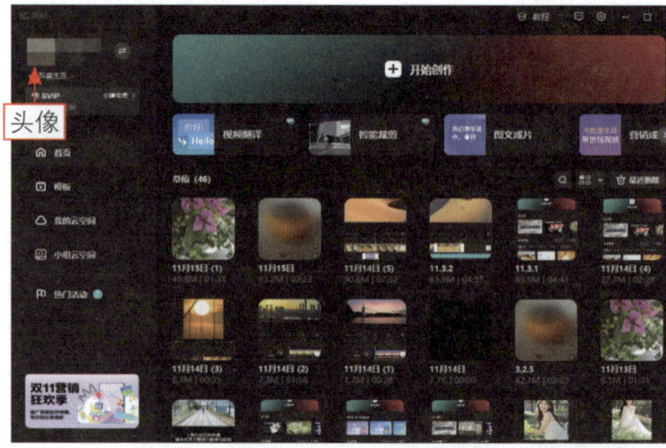

图 1-15　显示抖音头像

1.3　熟悉剪映界面与核心功能

用户在使用剪映进行短视频剪辑之前，要先了解剪映的界面和工具栏，方便快速上手。本节将带大家认识剪映手机版与电脑版的界面和工具栏。

1.3.1　剪映手机版的界面与功能

扫码看教学视频

从基础操作到深入探索，接下来将聚焦于剪映手机版的界面布局与功能特性。通过细致解读，揭示如何高效利用各项工具，以实现流畅的视频剪辑体验。下面介绍剪映手机版的界面和工具栏。

步骤 01 打开剪映手机版，进入“剪辑”界面，如图1-16所示。

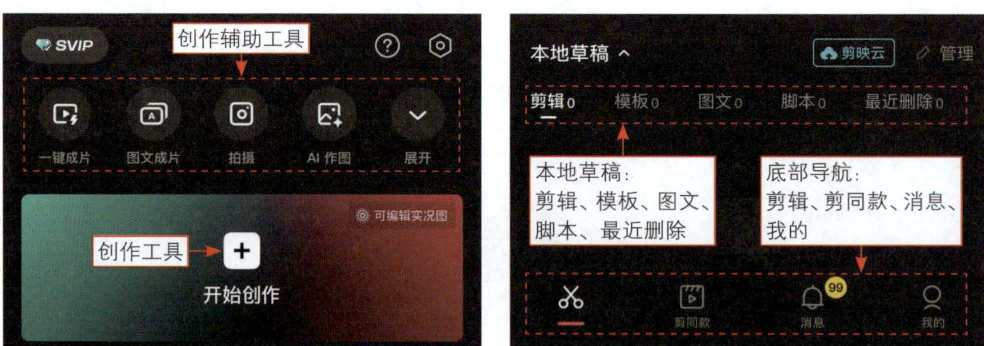

图 1-16　“剪辑”界面

步骤 02 点击“剪同款”按钮，进入相应的界面。“剪同款”界面中包含各种各样的模板，用户可以根据分类选择合适的模板进行套用，也可以搜索自己想要的模板进行套用，如图1-17所示。

步骤 03 点击“消息”按钮，进入“消息”界面，在其中可查看官方的通知和消息、粉丝的评论及点赞提示等，如图1-18所示。

图 1-17　点击“剪同款”按钮

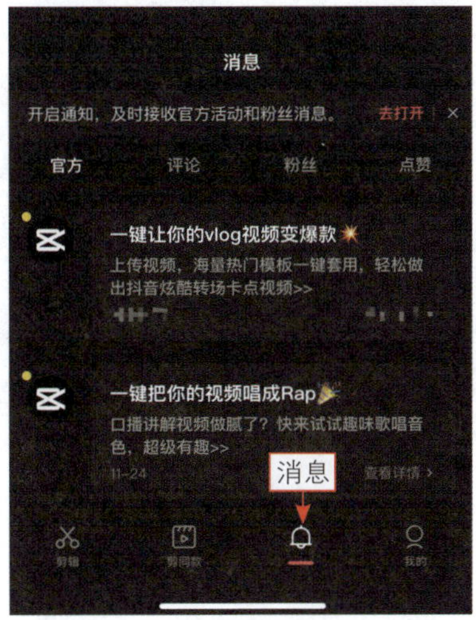

图 1-18　点击“消息”按钮

步骤 04 点击“我的”按钮，进入“我的”界面，在其中展示了个人资料及收藏的模板，如图1-19所示。

步骤 05 返回“剪辑”界面，点击“开始创作”按钮，如图1-20所示。

图 1-19　点击“我的”按钮

图 1-20　点击“开始创作”按钮

步骤 06 进入“最近项目”界面，❶在“视频”选项卡中，可以选择相应的视频素材；❷在“照片”选项卡中，可以选择相应的照片素材，如图1-21所示。

图 1-21　选择相应的视频素材或照片素材

步骤 07 点击“添加”按钮，即可成功导入相应的照片或视频素材，并进入剪辑界面，如图1-22所示。在预览区域左下角的时间，表示当前时长和视频的总时长。点击预览区域右下角的按钮，可全屏预览视频效果。点击按钮，即可播放视频。

图 1-22　剪辑界面

步骤 08 用户在进行视频剪辑操作后，❶点击预览区域右下角的撤回按钮，即可撤销上一步操作；❷点击恢复按钮，即可恢复上一步操作，如图1-23所示。

图 1-23　点击相应的按钮

1.3.2　剪映电脑版的界面与功能

扫码看教学视频

剪映电脑版是由抖音官方出品的一款电脑剪辑软件，拥有清晰的操作界面、强大的面板功能，同时也延续了手机版全能易用的操作风格，非常适用于各种专业的剪辑场景。下面介绍剪映电脑版的界面组成，如图1-24所示。

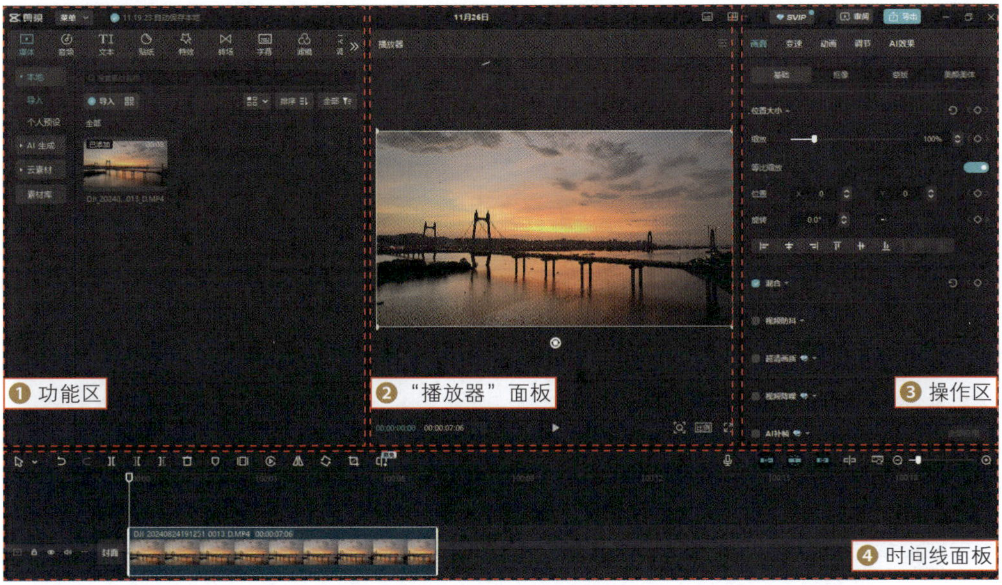

图 1-24　剪映电脑版界面

❶ 功能区：功能区中包括剪映的“媒体”“音频”“文本”“贴纸”“特效”“转场”“字幕”“滤镜”“调节”“模板”“数字人”这11大功能模块。

❷“播放器”面板：在“播放器”面板中，单击“播放”按钮，即可在预览窗口中播放视频效果；单击“比例”按钮，在弹出的列表中选择相应的画布比例，可以调整视频的画面大小。

❸ 操作区：操作区中提供了画面、变速、动画、调节及AI（Artificial Intelligence，人工智能）效果等调整功能，当用户选择轨道上的素材后，操作区就会显示各调整功能。

❹ 时间轴面板：该面板提供了选择、撤销、恢复、分割、删除、添加标记、定格、倒放、镜像、旋转及调整大小等常用剪辑功能，当用户将素材拖曳至该面板中时，会自动生成相应的轨道。

步骤 01 在剪映电脑版的“画面”操作区中，展开“基础”选项卡。在“混合”选项区域可以通过设置混合模式来进行图像合成。在“混合模式”下拉列表框中，一共有“正常”“变亮”“滤色”“变暗”“叠加”“强光”“柔光”“颜色加深”“线性加深”“颜色减淡”“正片叠底”11种混合模式可以选择，如图1-25所示。

步骤 02 在“画面”操作区中，切换至“蒙版”选项卡，其中提供了“线性”“镜面”“圆形”“矩形”“爱心”以及“星形”蒙版，如图1-26所示，用户可以根据需要挑选蒙版，对视频画面进行合成处理，制作有趣又有创意的蒙版合成视频。

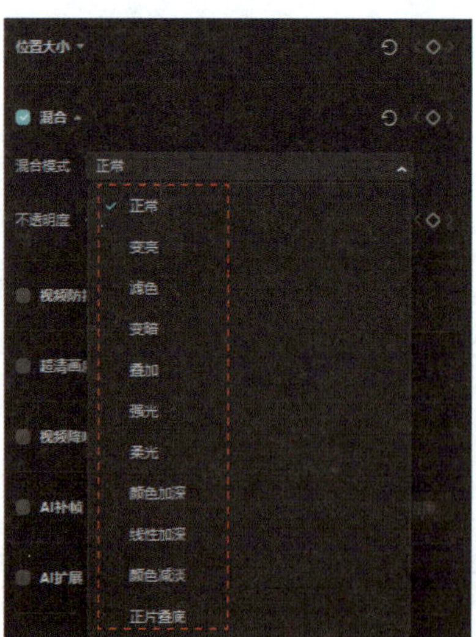

图 1-25 “混合模式”下拉列表框

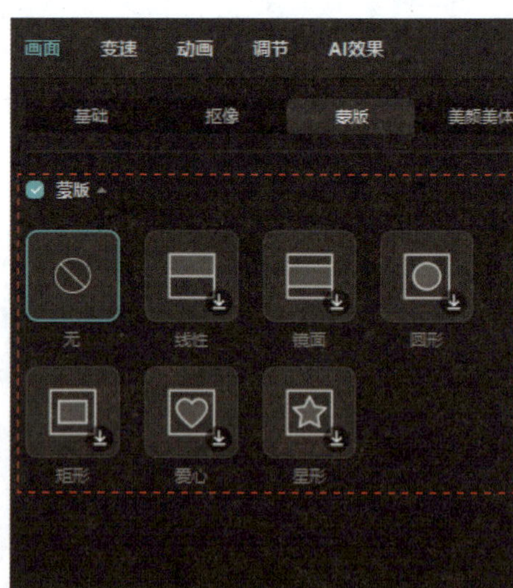

图 1-26 “蒙版”选项卡

本章小结

本章首先介绍了剪映的基本情况，包括使用剪映剪辑短视频的优势、手机版与电脑版的区别，以及云盘功能的便利；接着讲解了剪映的下载与安装过程，涵盖手机版和电脑版；最后详细介绍了剪映界面与核心功能，帮助用户熟悉手机版和电脑版的操作界面，为接下来的视频剪辑打下坚实基础。

课后习题

扫码看教学视频

以下是精心设计的课后习题项目，旨在通过实践加深读者对知识点的理解和记忆。请认真参与每项练习，以实现知识的内化和应用。

1. 剪映手机版有何优点？

答：便携、快速、操作简便。

2. 剪映云盘是什么？

答：剪映云盘是实现多设备同步剪辑的功能。

第2章　核心操作

在掌握剪映基础功能之后，本章将深入介绍核心操作技巧。从剪辑到调色，再到音频和文字编辑，每一环节都是提升视频制作水平的关键步骤，旨在帮助用户创作出更加专业和吸引人的视频内容。

2.1　剪辑技巧

用户可以运用剪映手机版中的核心功能对视频进行处理，制作出精彩的、有吸引力的视频。本节将介绍有关视频剪辑方面的操作技巧。

2.1.1　复制和替换素材

扫码看教学视频

【效果展示】：剪映手机版中的素材库中有很多自带的视频素材，用户可以根据需要替换和使用这些素材，效果如图2-1所示。

图 2-1　效果展示

下面介绍在剪映手机版中复制和替换素材的操作方法。

步骤 01 在剪映手机版中导入一段视频素材，❶选择视频素材；❷点击“复制”按钮，如图2-2所示，复制素材。

步骤 02 ❶按住第1段视频素材右侧的白色边框并向左拖曳，调整第1段视频的时长为2.0s；❷点击“替换”按钮，如图2-3所示。

步骤 03 进入“最近项目”界面，❶切换至“素材库”界面；❷在“热门”选项卡中选择相应的素材，如图2-4所示。

步骤 04 预览素材，点击“确认”按钮，如图2-5所示，即可替换素材。

步骤 05 接下来添加背景音乐。在界面下方的一级工具栏中，点击“音频”按钮，如图2-6所示。

步骤 06 在弹出的二级工具栏中，点击“音乐”按钮，如图2-7所示。

图 2-2 点击“复制”按钮

图 2-3 点击“替换”按钮

图 2-4 选择相应的素材

图 2-5 点击“确认”按钮

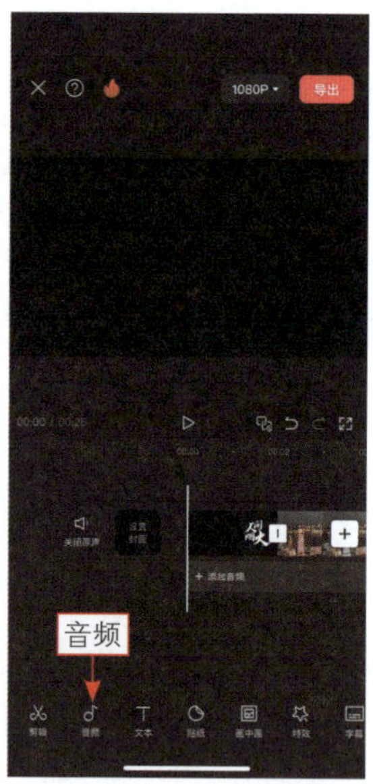

图 2-6 点击“音频”按钮

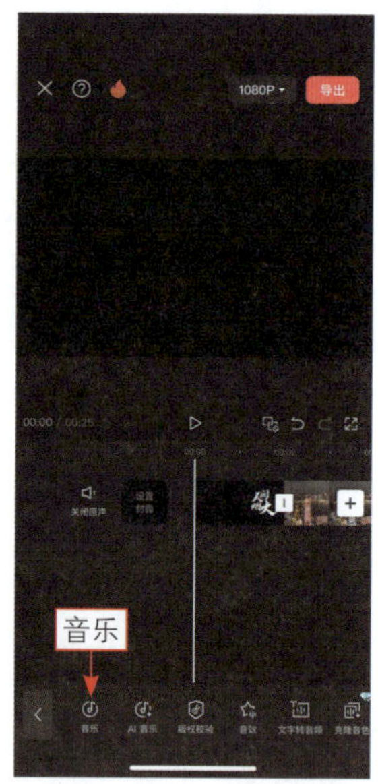

图 2-7 点击“音乐”按钮

步骤 07 进入“音乐”界面，❶选择音乐素材；❷点击“使用”按钮，如图2-8所示，即可添加背景音乐，将时间线拖曳至视频末尾处，依次点击“分割”和“删除”按钮，即可删除多余的音频。

步骤 08 点击两段素材中间的转场按钮▢，在“热门”选项卡中选择“叠化”选项，如图2-9所示，即可添加转场效果，让两段视频连接得更加自然。

步骤 09 点击“导出”按钮，如图2-10所示，导出视频。

图 2-8　点击“使用”按钮

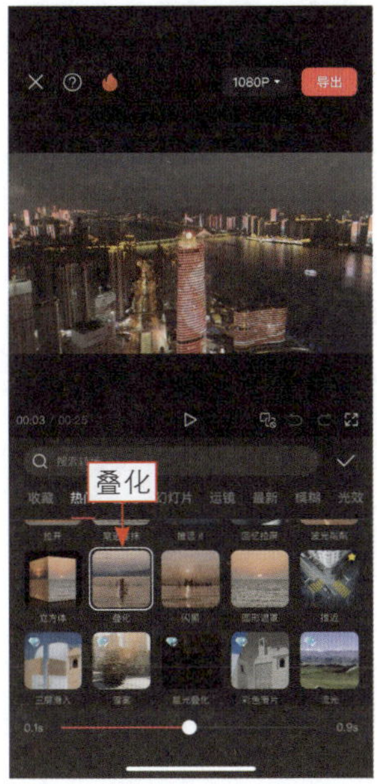

图 2-9　选择“叠化”选项

图 2-10　点击“导出”按钮

2.1.2　设置比例和背景

扫码看教学视频

【效果展示】： 为了让视频画面的尺寸统一，用户可以使用剪映手机版中的“比例”功能来调整画面大小，并为其添加背景样式，效果如图2-11所示。

图 2-11　效果展示

下面介绍在剪映手机版中设置比例和背景的操作方法。

步骤 01 在剪映手机版中导入素材，点击“比例”按钮，如图2-12所示。

步骤 02 弹出“比例”面板，❶选择1：1选项；❷点击✓按钮，如图2-13所示，即可将视频画面修改为方形。

步骤 03 回到一级工具栏，点击“背景”按钮，如图2-14所示。

图 2-12　点击“比例”按钮

图 2-13　点击✓按钮

图 2-14　点击“背景”按钮

步骤 04 在弹出的二级工具栏中，点击“画布样式”按钮，如图2-15所示。

步骤 05 ❶选择一款合适的画布样式；❷点击✓按钮，如图2-16所示，即可为视频添加一个背景样式。

步骤 06 点击“导出”按钮，如图2-17所示，导出视频。

图 2-15　点击“画布样式”按钮

图 2-16　点击✓按钮

图 2-17　点击“导出”按钮

2.2　调色技巧

剪映中的调色功能，如添加滤镜和调节参数，主要用于提升视频的视觉吸引力。添加滤镜可迅速改变视频风格，提供多样选择以适应不同的创作需求，增强艺术感和视觉冲击。参数调节则允许用户细致地控制亮度、饱和度等，优化色彩表现。本节将指导读者如何运用这些工具。

2.2.1　通过添加滤镜调色

扫码看教学视频

【效果对比】：当用户拍摄出来的视频画面比较灰暗时，可以在剪映手机版中添加合适的滤镜，让视频中的风景更加明亮、清晰，原图与调整后的效果图对比如图2-18所示。

图 2-18　原图与效果图对比

下面介绍在剪映手机版中通过添加滤镜进行调色的操作方法。

步骤 01 在剪映手机版中导入素材，点击“滤镜”按钮，如图2-19所示。

步骤 02 进入“滤镜”界面，❶切换至“风景”选项卡；❷选择“绿妍Ⅱ”滤镜；❸点击✓按钮，如图2-20所示，确认添加滤镜效果。

步骤 03 点击“导出”按钮，如图2-21所示，导出视频。

图 2-19　点击“滤镜”按钮

图 2-20　点击✓按钮

图 2-21　点击“导出”按钮

2.2.2　通过调节参数调色

扫码看教学视频

【效果对比】：如果视频画面光线不够明亮，色彩不够鲜艳，或者有曝光过度等问题，可以先使用“智能调色”功能，然后调节相应的参数，对画面进行调色，原图与效果图对比如图2-22所示。

图 2-22　原图与效果图对比

下面介绍在剪映手机版中通过调节参数进行调色的操作方法。

步骤 01 在剪映手机版中导入素材，点击“调节”按钮，如图2-23所示。

步骤 02 进入“调节”界面，选择“智能调色”选项，如图2-24所示，进行快速调色，优化视频画面。

步骤 03 继续调整视频画面，设置“饱和度”参数为5，让画面色彩变得鲜艳一些，如图2-25所示。

图 2-23　点击“调节”按钮

图 2-24　选择“智能调色”选项

图 2-25　设置“饱和度”参数

步骤04 设置“色温”参数为-9，让画面偏冷色调，如图2-26所示。

步骤05 ❶设置“色调”参数为-9，让画面偏蓝绿色调；❷点击✓按钮，如图2-27所示，确认操作。

步骤06 点击“导出”按钮，如图2-28所示，导出视频。

图 2-26　设置“色温”参数

图 2-27　点击✓按钮

图 2-28　点击“导出”按钮

2.2.3 调出诱人食物色调

扫码看教学视频

【效果对比】：普通的食物经过这个万能食物色调处理之后就会变得更加诱人，让人更有食欲，原图与效果图对比如图2-29所示。

图 2-29　原图与效果图对比

下面介绍在剪映手机版中调出诱人食物色调的操作方法。

步骤 01 在剪映手机版中导入素材，❶选择视频素材；❷点击“滤镜”按钮，如图2-30所示。

步骤 02 ❶切换至“美食”选项卡；❷选择“美食增色”滤镜，进行初步调色，如图2-31所示。

步骤 03 返回二级工具栏，点击“调节”按钮，如图2-32所示，即可进入“调节”界面。

图 2-30　点击“滤镜”按钮

图 2-31　选择“美食增色”滤镜

图 2-32　点击“调节”按钮

步骤 04 ❶选择“亮度”选项；❷拖曳滑块，设置“亮度”参数为5，增强曝光，如图2-33所示。

步骤 05 ❶选择“对比度”选项；❷拖曳滑块，设置“对比度”参数为7，增强明暗对比，如图2-34所示。

步骤 06 ❶选择“饱和度”选项；❷拖曳滑块，设置参数为3，让色彩更加鲜艳，如图2-35所示。

步骤 07 ❶选择“光感”选项；❷拖曳滑块，设置“光感”参数为6，继续增强曝光，如图2-36所示。

步骤 08 ❶选择“高光”选项；❷拖曳滑块，设置“高光”参数为6，提高画面高光部分的亮度，如图2-37所示。

图 2-33　拖曳“亮度”滑块

图 2-34　拖曳“对比度”滑块

图 2-35　拖曳“饱和度”滑块

图 2-36　拖曳“光感”滑块

图 2-37　拖曳“高光”滑块

步骤 09 ❶选择“色温”选项；❷拖曳滑块，设置“色温”参数为-20，微微增强暖色调，如图2-38所示。

步骤 10 ❶选择“色调”选项；❷拖曳滑块，设置“色调”参数为14，让色彩更加自然，如图2-39所示。

图 2-38　拖曳“色温”滑块

图 2-39　拖曳“色调”滑块

步骤 11 操作完成后，返回一级工具栏，如图2-40所示。

步骤 12 点击“贴纸”按钮，如图2-41所示，添加贴纸。

图 2-40　返回一级工具栏

图 2-41　点击“贴纸”按钮

步骤 13 ❶切换至“收藏”选项卡；❷选择一款合适的贴纸；❸调整贴纸的大小和位置；❹点击✓按钮，如图2-42所示。

步骤 14 调整贴纸素材的时长，使其与视频素材的时长一致，如图2-43所示。

步骤 15 点击“导出”按钮，如图2-44所示，导出视频。

图 2-42　点击✓按钮

图 2-43　调整贴纸素材的时长

图 2-44　点击“导出”按钮

2.3　音频编辑

音频在短视频中扮演着至关重要的角色，是不可或缺的元素，用户巧妙地为视频添加背景音乐，不仅能增添节奏感和动感，还能为视频赋予独特的个性。同时，通过细致地设置音量参数，可以确保声音与画面的和谐统一，避免突兀之感。

巧妙地设置音频的淡入淡出效果，则能平滑地引导观众的情绪，进一步增强视频的沉浸感和表现力。这些音频处理技巧，可以为视频营造出特定的氛围和情感，使得视频内容更加饱满、丰富，也更加引人入胜。本节将为大家介绍相应的音频处理技巧。

2.3.1　添加背景音乐

扫码看教学视频

【效果展示】：在剪映手机版中，可以为视频添加合适的背景音乐，让视频不再单调，视频效果如图2-45所示。

图 2-45　视频效果展示

下面介绍在剪映手机版中为视频添加背景音乐的操作方法。

步骤 01 在剪映手机版中导入一段视频素材，依次点击“音频”和“音乐”按钮，如图2-46所示。

步骤 02 进入“音乐”界面，❶切换至“收藏”选项卡；❷在下方的列表中选择相应的音乐，进行试听；❸点击“使用”按钮，如图2-47所示。

步骤 03 音频添加成功后，为了删除多余的音频素材，❶选择音频素材；❷在视频素材的末尾位置点击“分割”按钮，分割音频；❸点击“删除”按钮，如图2-48所示，删除多余的音频素材。

图 2-46　点击“音乐”按钮

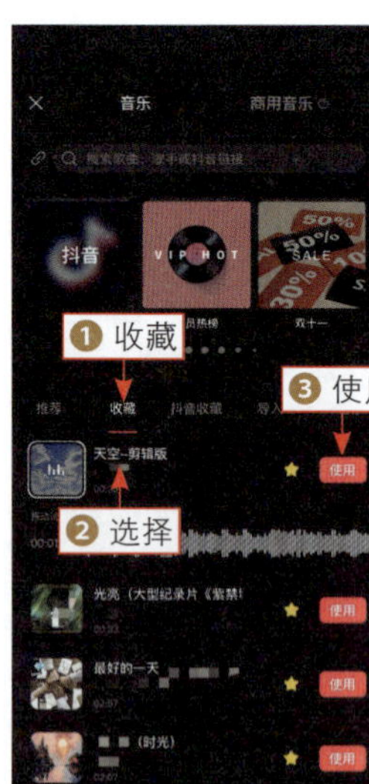

图 2-47　点击“使用”按钮

图 2-48　点击“删除”按钮

2.3.2　设置音量参数

【效果展示】：在剪辑视频的过程中，设置音量可以确保音频与视频内容的和谐统一，避免音量过高导致失真或过低导致听不清楚，让视频在不同的播放环境下都能保持适宜的听觉效果，视频效果如图2-49所示。

扫码看教学视频

图 2-49　视频效果展示

下面介绍在剪映手机版中设置音量的操作方法。

步骤 01 在剪映手机版中导入一段视频素材，依次点击“音频”和“音乐”按钮，如图2-50所示，为视频添加背景音乐。

步骤 02 接下来调节音量。选择音频素材，点击“音量”按钮，弹出“音量”面板，❶设置“音量”参数为400，提高音量；❷点击✓按钮，如图2-51所示。

步骤 03 接下来删除多余的音频素材，❶选择音频素材；❷在视频素材的末尾位置点击“分割”按钮，分割音频；❸点击“删除”按钮，如图2-52所示。

图 2-50　点击“音乐”按钮

图 2-51　点击✓按钮

图 2-52　点击“删除”按钮

2.3.3 设置淡入淡出

扫码看教学视频

【效果展示】：淡入是指背景音乐开始的时候，声音会缓缓变大；淡出则是指背景音乐结束的时候，声音会渐渐消失。设置音频的淡入淡出效果后，可以让短视频的背景音乐不那么突兀，给观众带来更加舒适的视听感，视频效果如图2-53所示。

图 2-53 视频效果展示

下面介绍在剪映手机版中设置淡入淡出的操作方法。

步骤 01 在剪映手机版中导入一段视频素材，依次点击“音频”和“音乐”按钮，如图2-54所示，为视频添加背景音乐。

步骤 02 ❶选择音频素材；❷在视频素材的末尾位置点击“分割”按钮，分割音频；❸点击“删除”按钮，如图2-55所示，删除多余的音频素材。

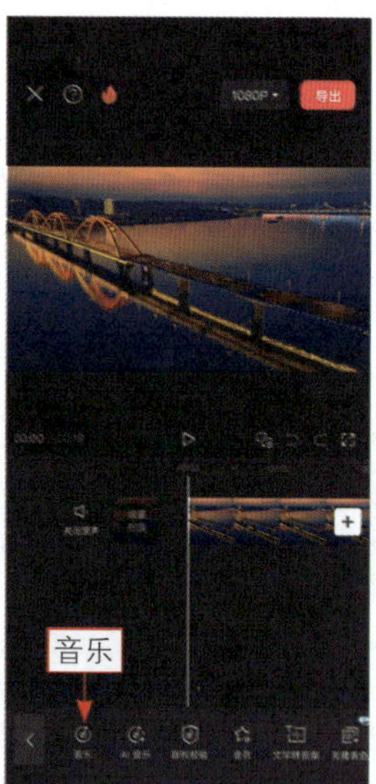

图 2-54 点击“音乐”按钮

图 2-55 点击“删除”按钮

步骤 03 ❶选择剩下的音频素材；❷点击“淡入淡出”按钮，如图2-56所示。

步骤 04 拖曳“淡入时长”白色圆环形滑块，设置“淡入时长”参数为2.5s，如图2-57所示。

图 2-56　点击“淡入淡出”按钮

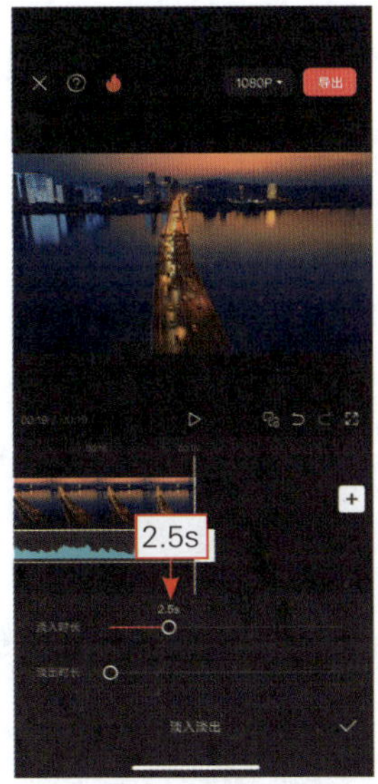

图 2-57　设置“淡入时长”参数

步骤 05 ①拖曳“淡出时长”白色圆环形滑块，设置“淡出时长”参数为4.0s；②点击✓按钮，如图2-58所示。

步骤 06 执行操作后，可以看到音频的前后音量都有所下降，如图2-59所示。

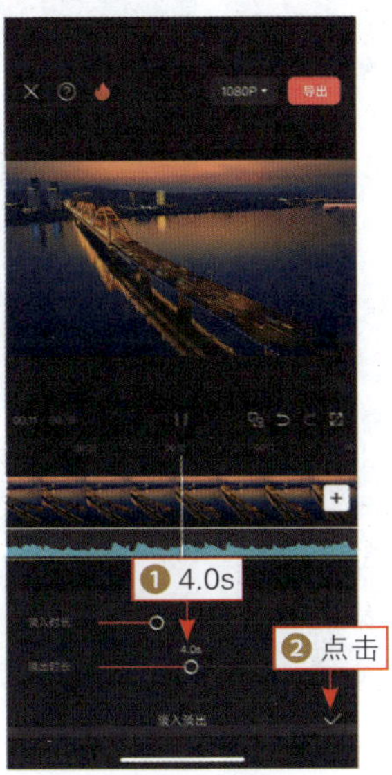

图 2-58　点击✓按钮

图 2-59　音频的前后音量都有所下降

2.4 文字编辑

在视频剪辑中，用户可以对文字进行多样化的编辑，如添加文字模板和贴纸等，以此来增强视觉的冲击力，更好地匹配视频风格。本节将为大家介绍相应的操作方法。

2.4.1 套用文字模板

扫码看教学视频

【效果展示】：在剪映手机版中有许多新颖好用的文字模板，一键即可套用，让视频内容更加丰富，效果如图2-60所示。

图 2-60 效果展示

下面介绍在剪映手机版中套用文字模板的操作方法。

步骤 01 在剪映手机版中导入一段视频素材，在一级工具栏中，点击“文本”按钮，如图2-61所示。

步骤 02 在弹出的二级工具栏中，点击“新建文本”按钮，如图2-62所示。

步骤 03 ❶输入文案，❷切换至“文字模板”|“热门”选项卡；❸选择一款合适的文字模板，如图2-63所示，即可套用该文字模板。

图 2-61 点击“文本”按钮

图 2-62 点击“新建文本”按钮

步骤 04 ①调整文字的大小和位置；②点击✓按钮，如图2-64所示，确认操作。

图 2-63　选择一款合适的文字模板

图 2-64　点击✓按钮

步骤 05 调整文字的时长，使其与视频的时长一致，如图2-65所示。

步骤 06 操作完成后，点击“导出”按钮，如图2-66所示，导出视频。

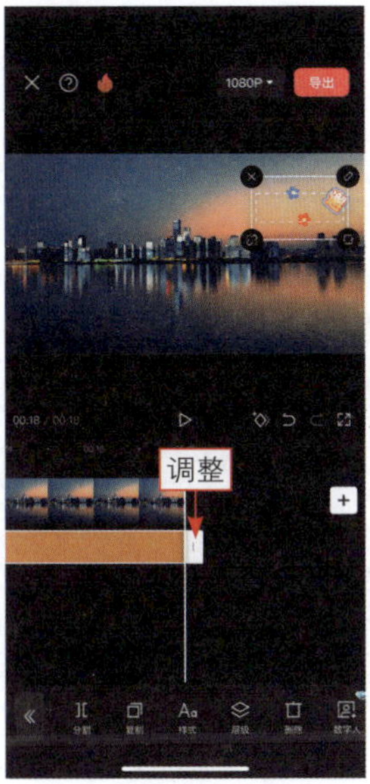

图 2-65　调整文字的时长

图 2-66　点击“导出”按钮

2.4.2 添加贴纸

扫码看教学视频

【效果展示】：在剪映手机版中给短视频添加贴纸，可以让短视频画面更加精彩、有趣，同时贴纸可以用于强调视频的特定部分或传达额外的视觉信息，增强观众的记忆点，效果如图2-67所示。

图 2-67　效果展示

下面介绍在剪映手机版中添加贴纸的操作方法。

步骤 01 在剪映手机版中导入一段素材，点击“贴纸”按钮，❶切换至“奔赴春日动态手写字”选项卡；❷选择一款合适的贴纸；❸点击✓按钮，如图2-68所示，确认操作。

步骤 02 调整贴纸的时长，使其对其视频的时长，如图2-69所示。

步骤 03 ❶调整贴纸的大小和位置；❷点击“导出”按钮，如图2-70所示，即可导出视频。

图 2-68　点击✓按钮

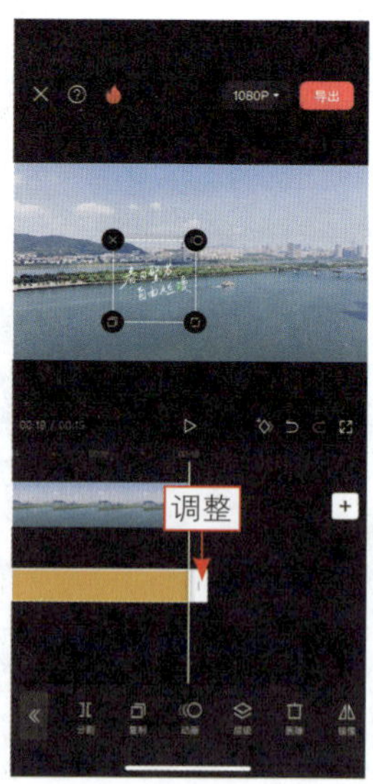

图 2-69　调整贴纸的时长

图 2-70　点击“导出”按钮

本章小结

本章首先介绍了剪映的核心剪辑技巧，包括复制和替换素材、设置比例和背景；接着讲解了调色技巧——通过添加滤镜和调节参数来调整视频色调，比如调出诱人的食物色调；然后介绍了音频编辑，包括添加背景音乐、设置音量和淡入淡出效果；最后探讨了文字编辑，包括添加文字模板和贴纸，全面提升视频剪辑的创意和专业性。

课后实训

扫码看教学视频

以下是精心设计的课后实训项目，旨在通过实践加深读者对知识点的理解和记忆。请认真参与每项练习，以实现知识的内化和应用。

【实训任务】：为视频文字添加动画效果，是一种非常新颖的表现形式，比如添加文字入场动画效果，可以让文字出现的时候更加自然。请运用剪映手机版为一段视频素材添加文本和文字动画，效果如图2-71所示。

图2-71　效果展示

下面介绍在剪映手机版中添加文字动画的操作方法。

步骤 01 在剪映手机版中导入一段视频素材，依次点击“文本”和“新建文本”按钮，如图2-72所示。

步骤 02 ❶输入文案；❷在“字体”|“热门”选项卡中选择合适的字体，如图2-73所示。

步骤 03 ❶切换至“花字”|“蓝色”选项卡；❷选择一款花字，如图2-74所示，美化文字效果。

图 2-72　点击“新建文本”按钮

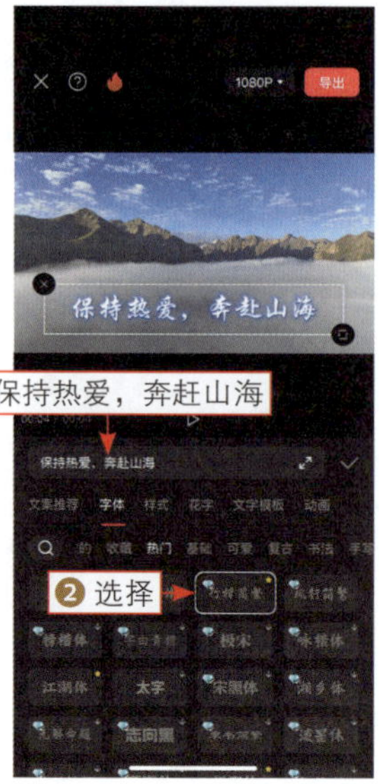

图 2-73　选择合适的字体

图 2-74　选择一款花字

步骤 04 ①切换至“动画”选项卡；②在“入场”选项卡中选择“冰雪飘动”动画效果；③点击✓按钮，如图2-75所示，即可为文字添加入场动画。

步骤 05 调整文字的时长，使其与视频的时长一致，如图2-76所示。

步骤 06 ①调整文字的大小和位置；②点击“导出”按钮，如图2-77所示，即可导出视频。

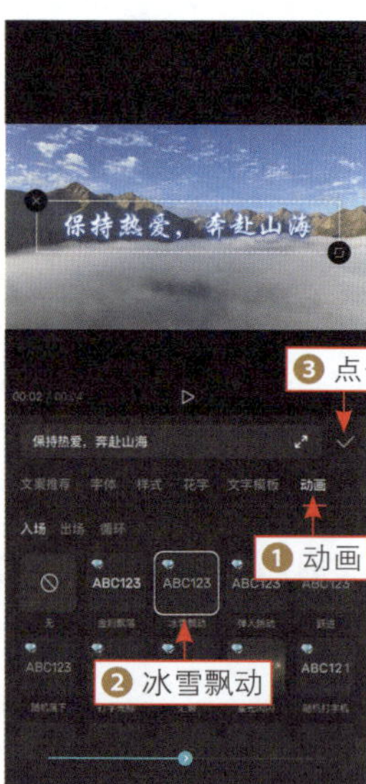

图 2-75　点击✓按钮

图 2-76　调整文字的时长

图 2-77　点击“导出”按钮

第3章　一键成片

通过对前面内容的学习，相信大家的视频剪辑技能得到逐步提升，本章将介绍剪映的“一键成片”“图文成片”“剪同款”功能，简化视频制作流程。从选择模板到智能图文匹配，再到剪同款效果，每一节内容都旨在帮助用户快速创作出专业级别的视频内容。

3.1 使用“一键成片”功能生成视频

剪映中的“一键成片”功能利用人工智能技术，实现了图文和本地素材的自动匹配和编辑，大大简化了视频制作流程，提高了视频制作效率。本节主要介绍使用“一键成片”功能生成视频的具体操作方法。

3.1.1 选择模板生成视频

扫码看教学视频

【效果展示】：在使用“一键成片”功能时，用户需要提前准备好素材，并按照顺序导入到剪映中，之后就能选择自己喜欢的模板，生成视频了，效果如图3-1所示。

图 3-1　效果展示

★ 专 家 提 醒 ★

剪映提供了多种模板，建议用户根据视频内容和风格选择合适的模板。同时，“一键成片”中的模板会时常发生变动，用户如果遇到心仪的模板，可以长按模板进行收藏。

下面介绍在剪映手机版中选择模板生成视频的操作方法。

步骤 01 打开剪映手机版，进入“剪辑”界面，点击“一键成片”按钮，进入“最近项目”界面，❶在“视频”选项卡中依次选择3段视频；❷点击“下一步”按钮，如图3-2所示，即可让AI根据素材推荐模板，并进入“编辑”界面。

步骤 02 ❶选择喜欢的模板，预览效果；❷点击“导出”按钮，如图3-3所示。

步骤 03 弹出“导出设置”面板，在其中点击按钮，如图3-4所示，把视频导出至本地相册中。

图 3-2　点击“下一步”按钮

图 3-3　点击“导出”按钮

图 3-4　点击■按钮

3.1.2　输入提示词生成视频

扫码看教学视频

【效果展示】：在使用“一键成片”功能制作视频时，用户可以输入相应的提示词，让剪映精准地提供模板，这样可以缩小选择范围，效果如图3-5所示。

图 3-5　效果展示

下面介绍在剪映手机版中通过输入提示词生成视频的操作方法。

步骤 01 打开剪映手机版，进入“剪辑”界面，点击“一键成片”按钮，如图3-6所示。

步骤 02 进入“最近项目”界面，❶在“视频”选项卡中，依次选择3段视频；❷点击文本框的空白处，如图3-7所示。

步骤 03 弹出相应的面板，❶在文本框中输入相应的提示词；❷点击“完成”按钮，如图3-8所示。

图 3-6　点击“一键成片”按钮

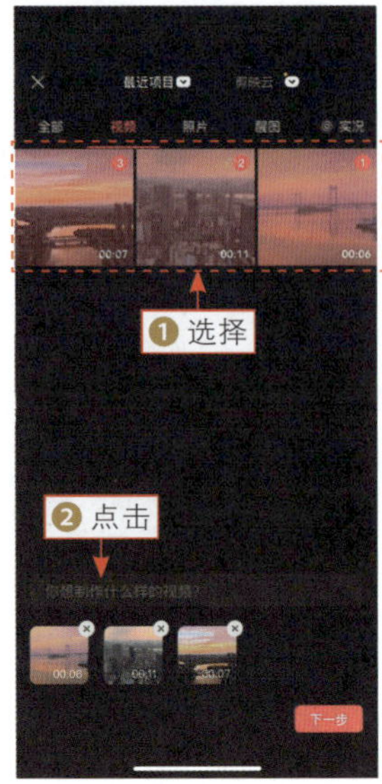

图 3-7　点击文本框空白处

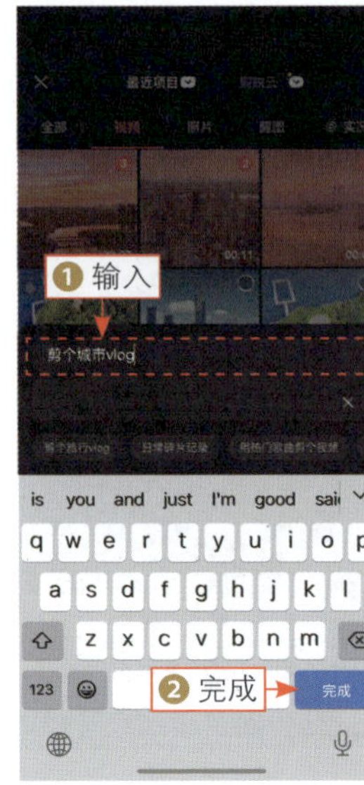

图 3-8　点击“完成”按钮

步骤 04 点击“下一步”按钮，如图3-9所示。

步骤 05 稍等片刻，即可生成一段视频，❶选择喜欢的模板，预览视频效果；❷点击“导出”按钮，如图3-10所示。

步骤 06 弹出“导出设置”面板，在其中点击按钮，如图3-11所示，把视频导出至本地相册中。

图 3-9　点击“下一步”按钮

图 3-10　点击“导出”按钮

图 3-11　点击按钮

3.1.3　编辑一键成片视频草稿

【效果展示】：在使用“一键成片”功能制作视频时，还可以把照片和视频素材混合搭配。如果对效果不满意，还可以编辑视频草稿，进行个性化设置，比如为素材添加动画，让画面更具动感，效果如图3-12所示。

扫码看教学视频

图 3-12　效果展示

下面介绍在剪映手机版中编辑一键成片视频草稿的操作方法。

步骤 01 打开剪映手机版，进入“剪辑”界面，点击“一键成片”按钮，如图3-13所示。

步骤 02 进入“最近项目”界面，❶切换至“视频”选项卡；❷依次选择4段视频素材；❸点击“下一步”按钮，如图3-14所示。

步骤 03 进入“编辑”界面，❶选择喜欢的模板；❷点击“点击编辑”按钮，如图3-15所示。

图 3-13　点击“一键成片”按钮

图 3-14　点击“下一步”按钮

图 3-15　点击“点击编辑”按钮

步骤 04 进入相应的界面，点击“编辑更多”按钮，如图3-16所示。

步骤 05 进入剪辑界面，❶选择视频素材；❷点击“动画”按钮，如图3-17所示，为视频添加动画效果。

步骤 06 在弹出的动画面板中，❶切换至“组合动画”选项卡；❷选择“缩放”动画，让画面变得更加动感，如图3-18所示。

图 3-16　点击“编辑更多”按钮

图 3-17　点击“动画”按钮

图 3-18　选择“缩放”动画

★ 专 家 提 醒 ★

用户在使用“一键成片”生成视频之后，可以根据实际需求对视频进行进一步调整，如修改字幕、调整音乐及添加动画等，让视频效果更加丰富。

3.2　使用“图文成片”功能生成视频

在创作短视频的过程中，用户常常会遇到这样的问题：怎么又快又好地写出视频文案呢？如何快速生成视频呢？剪映的“图文成片”功能就能解决这些问题。

本节主要介绍使用“图文成片”功能生成视频的操作方法，帮助大家快速制作短视频。不过需要注意的是，即使使用相同的文案，剪映每次生成的视频也不一样。

3.2.1　智能匹配素材

【效果展示】：用户在使用图文成片中的"智能匹配素材"功能时，只要输入文案或导入链接，系统就会为文字自动匹配视频、图片、音频和文字素材，在短时间内快速生成一个完整的短视频，效果如图3-19所示。

扫码看教学视频

图 3-19　效果展示

下面介绍在剪映手机版中使用"智能匹配素材"功能生成视频的操作方法。

步骤 01 打开剪映手机版，进入"剪辑"界面，点击"图文成片"按钮，如图3-20所示。

步骤 02 进入"图文成片"界面，点击"自由编辑文案"按钮，如图3-21所示。

步骤 03 进入相应的界面，❶输入文案；❷点击"应用"按钮，如图3-22所示。

图 3-20　点击"图文成片"按钮

图 3-21　点击相应的按钮

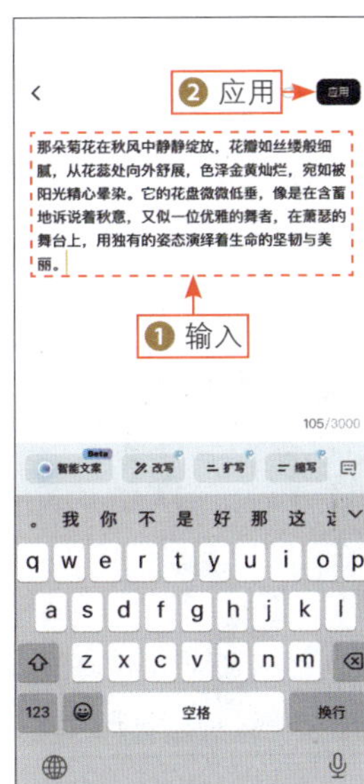

图 3-22　点击"应用"按钮

步骤 04 弹出“请选择成片方式”面板，在其中选择“智能匹配素材”选项，如图3-23所示。

步骤 05 稍等片刻，即可生成一段视频，如图3-24所示。

步骤 06 点击“导出”按钮，如图3-25所示，导出视频。

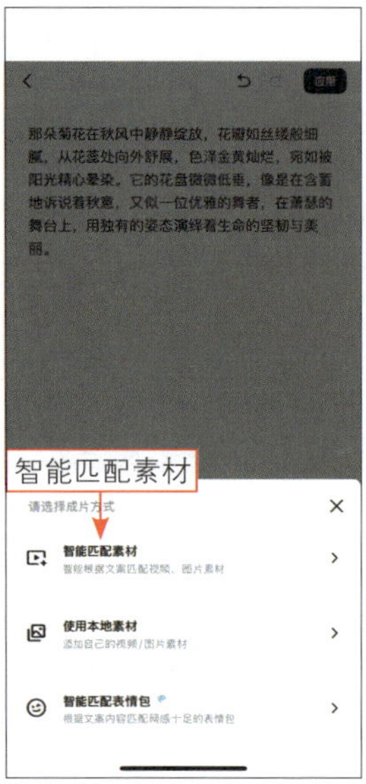

图 3-23　选择“智能匹配素材”选项

图 3-24　即可生成一段视频

图 3-25　点击“导出”按钮

3.2.2　使用本地素材

【效果展示】：在进行图文成片的过程中，不仅可以智能匹配素材，还可以手动添加手机本地相册中的视频或者图片素材，让视频制作过程更加灵活、自由，用户的操作空间更大，效果如图3-26所示。

扫码看教学视频

图 3-26　效果展示

下面介绍在剪映手机版中使用本地素材生成视频的操作方法。

步骤 01 打开剪映手机版，进入“剪辑”界面，点击“图文成片”按钮，进入“图文成片”界面，点击“自由编辑文案”按钮，进入相应的界面，❶输入文案；❷点击“应用”按钮，如图3-27所示。

步骤 02 弹出“请选择成片方式”面板，在其中选择“使用本地素材”选项，如图3-28所示。

图 3-27　点击“应用”按钮

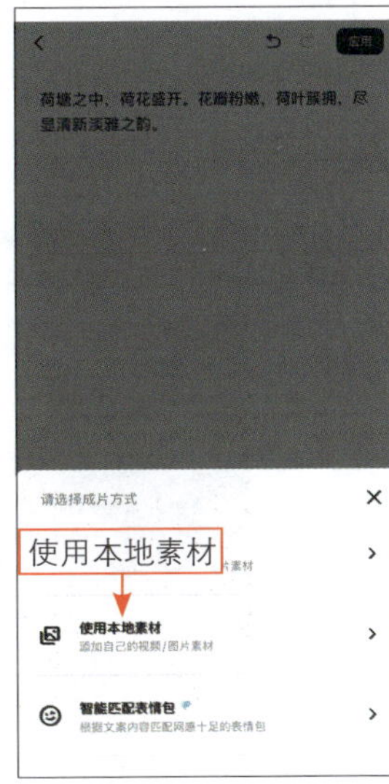

图 3-28　选择“使用本地素材”选项

步骤 03 稍等片刻，即可生成一段视频，点击视频空白处的“添加素材”按钮，如图3-29所示。

步骤 04 点击“替换”按钮，如图3-30所示，替换素材。

图 3-29　点击相应的按钮

图 3-30　点击“替换”按钮

步骤 05 弹出相应的界面，❶切换至“最近项目”|“视频”选项卡；❷选择

1段荷花视频，如图3-31所示，添加视频素材。

步骤 06 ❶点击第2段素材位置；❷选择第2段荷花视频，如图3-32所示，即可添加第2段视频素材，完成视频的制作。

图 3-31　选择第 1 段荷花视频

图 3-32　选择第 2 段荷花视频

3.2.3　智能匹配表情包

扫码看教学视频

【效果展示】：在利用图文成片功能制作视频的过程中，AI还可以根据文案内容智能匹配网感十足的表情包，不仅为视频增添了幽默感，还能让内容更加生动有趣，效果如图3-33所示。

图 3-33　效果展示

下面介绍在剪映手机版中使用“智能匹配表情包”功能生成视频的操作方法。

步骤 01 打开剪映手机版，进入“剪辑”界面，点击“图文成片”按钮，进入“图文成片”界面，点击“自由编辑文案”按钮，进入相应的界面，❶输入文案；❷点击“应用”按钮，如图3-34所示。

步骤 02 弹出“请选择成片方式”面板，选择“智能匹配表情包”选项，如图3-35所示，添加视频。

步骤 03 稍等片刻，即可生成一段视频，点击“导出”按钮，如图3-36所示，即可导出视频。

图 3-34　点击“应用”按钮

图 3-35　选择“智能匹配表情包”选项

图 3-36　点击“导出”按钮

★ 专家提醒 ★

需要注意的是，“智能匹配表情包”功能需要开通剪映会员才能使用，用户可以根据自身需求自行决定是否开通会员服务。

3.3　使用“剪同款”功能生成视频

本节主要介绍使用“剪同款”功能生成视频的操作方法，帮助用户一键制作同款美食视频、写真相册，快速掌握抖音爆款短视频的制作方法。

3.3.1　美食视频效果

扫码看教学视频

【效果展示】：对于多张美食照片，如何把它们快速生成美食视频呢？在剪映中使用“剪同款”功能选择模板，就能快速生成，效果如图3-37所示。

图 3-37　效果展示

下面介绍在剪映手机版中一键生成同款美食视频效果的操作方法。

步骤 01 打开剪映手机版，❶点击“剪同款”按钮，进入“剪同款”界面；❷点击界面上方的搜索栏，如图3-38所示。

步骤 02 ❶输入并搜索“日常美食记录”；❷在搜索结果中选择一个合适的模板，如图3-39所示。

图 3-38　点击搜索栏

图 3-39　选择一个合适的模板

步骤 03 进入相应的界面，点击右下角的“剪同款”按钮，如图3-40所示。

步骤04 进入“最近项目”界面，❶在“照片”选项卡中依次选择4张美食照片；❷点击“下一步”按钮，如图3-41所示。

步骤05 稍等片刻，即可生成一段视频，点击“导出”按钮，如图3-42所示。

步骤06 弹出“导出设置”面板，在其中点击按钮，如图3-43所示，把视频导出至本地相册中。

★专家提醒★

需要注意的是，“剪同款”功能中的视频模板会时常变动，用户可以点击视频模板右侧的，收藏喜欢的模板。

图3-40　点击“剪同款”按钮

图3-41　点击“下一步”按钮

图3-42　点击“导出”按钮

图3-43　点击按钮

3.3.2　写真相册效果

【效果展示】：对于多张人像写真照片，在剪映手机版中可以使用“剪同款”的功能，使其变成一段动态的电子相册视频，让照片变得生动起来，效果如图3-44所示。

扫码看教学视频

图 3-44　效果展示

下面介绍在剪映手机版中一键生成同款人像相册效果的操作方法。

步骤 01 打开剪映手机版，❶点击“剪同款”按钮，进入“剪同款”界面；❷点击界面上方的搜索栏，如图3-45所示。

步骤 02 ❶输入并搜索“写真相册图集”；❷在搜索结果中选择合适的模板，如图3-46所示。

图 3-45　点击界面上方的搜索栏

图 3-46　选择一个合适的模板

步骤 03 进入相应的界面，点击右下角的“剪同款”按钮，如图3-47所示。

步骤 04 进入“最近项目”界面，❶在“照片”选项卡中依次选择15张照片；

❷点击“下一步”按钮，如图3-48所示。

步骤 05 稍等片刻，即可生成一段视频，点击“导出”按钮，如图3-49所示。

图 3-47　点击“剪同款”按钮

图 3-48　点击“下一步”按钮

步骤 06 弹出“导出设置”面板，在其中点击按钮，如图3-50所示，把视频导出至本地相册中。

图 3-49　点击“导出”按钮

图 3-50　点击按钮

本章小结

本章首先介绍了“一键成片”功能，包含选择模板、使用提示词生成视频及编辑视频草稿；接着讲解了“图文成片”功能，涉及智能匹配素材、使用本地素材和表情包；最后介绍了“剪同款”功能，提供了美食视频、萌娃相册等快速创作方案。

课后实训

以下是精心设计的课后实训项目，旨在通过实践加深读者对知识点的理解和记忆。请认真参与每项练习，以实现知识的内化和应用。

扫码看教学视频

【实训任务】： 对于多段素材，在制作卡点视频的时候，步骤是比较烦琐的，而使用“剪同款”功能，几秒钟就能制作一个视频，请运用剪映手机版将多段视频素材制作成卡点视频，效果如图3-51所示。

图 3-51　效果展示

下面介绍在剪映手机版中一键生成同款卡点视频的操作方法。

步骤 01 打开剪映手机版，❶点击“剪同款”按钮，进入“剪同款”界面；❷点击界面上方的搜索栏，如图3-52所示。

步骤 02 ❶输入并搜索“环绕慢动作”；❷选择合适的模板，如图3-53所示。

步骤 03 进入相应的界面，点击右下角的“剪同款”按钮，如图3-54所示。

步骤 04 进入“最近项目”界面，❶在“视频”选项卡中依次选择4段视频素材；❷点击“下一步”按钮，如图3-55所示。

步骤 05 稍等片刻，即可生成一段视频，点击“导出”按钮，如图3-56所示。

步骤 06 弹出“导出设置”面板，点击🖫按钮，如图3-57所示，把视频导出至本地相册中。

图 3-52　点击界面上方的搜索栏

图 3-53　选择一个合适的模板

图 3-54　点击"剪同款"按钮

图 3-55　点击"下一步"按钮

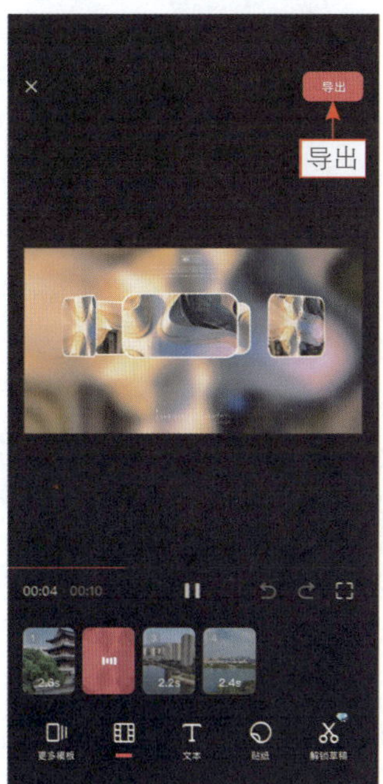

图 3-56　点击"导出"按钮

图 3-57　点击按钮

第4章　剪映AI功能

本章将探索剪映的智能边界，揭开AI功能的神秘面纱。从文案创作到图像生成，再到剪辑、配音、音效处理及AI特效，介绍AI如何助力视频制作，让创意实现变得更加轻松和高效。

4.1　AI 文案

本节将介绍如何实现文案创作，从推荐到定制化撰写，每一步都旨在激发创意并提升内容质量。

4.1.1　文案推荐

【效果展示】：在剪映手机版中使用“文案推荐”功能的时候，系统会根据视频内容，推荐很多条文案，用户只需要选择自己满意的一条文案进行使用即可，效果如图4-1所示。

扫码看教学视频

图 4-1　效果展示

下面介绍在剪映手机版中使用“文案推荐”功能的操作方法。

步骤 01 在剪映手机版中导入视频素材，在一级工具栏中，点击“文本”按钮，如图4-2所示。

步骤 02 在弹出的二级工具栏中，点击“AI配旁白”按钮，如图4-3所示。

步骤 03 切换至“文案推荐”面板，❶选择一条合适的文案；❷点击按钮，如图4-4所示。

步骤 04 修改文案样式，❶切换至“文字模板”|“片头标题”选项卡；❷选择一款合适的文字模板，如图4-5所示。

步骤 05 ❶调整文字的大小和位置；❷点击按钮，如图4-6所示，确认操作。

步骤 06 调整文字的显示时长，使其与视频的时长一致，如图4-7所示。

图 4-2　点击“文本”按钮

图 4-3　点击“AI 配旁白”按钮

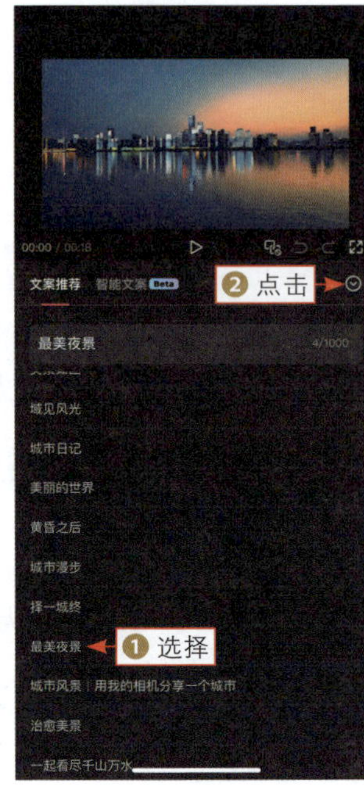

图 4-4　点击⌄按钮

图 4-5　选择合适的文字模板

图 4-6　点击✓按钮

图 4-7　调整文字的时长

4.1.2　写讲解文案

扫码看教学视频

【效果展示】：本节使用的是剪映手机版中的“智能文案”功能，让其撰写一段关于风景的讲解文案，效果如图4-8所示。

图 4-8　效果展示

下面介绍在剪映手机版中利用AI写讲解文案的操作方法。

步骤 01 在剪映手机版中导入视频素材，在下方的一级工具栏中，点击“文本”按钮，如图4-9所示。

步骤 02 在弹出的二级工具栏中，点击“AI配旁白”按钮，如图4-10所示。

步骤 03 弹出相应的面板，❶设置文案主题为“自定义主题”；❷设置“请输入主题内容”为“写一篇关于风景的讲解文案”、“补充你对方案的要求”为“50字”；❸点击“生成旁白”按钮，如图4-11所示。

图 4-9　点击“文本”按钮

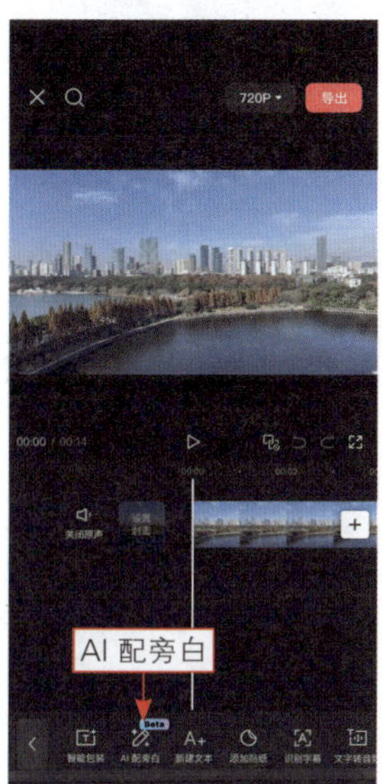

图 4-10　点击“AI 配旁白”按钮

图 4-11　点击“生成旁白”按钮

步骤 04 稍等片刻，即可生成文案内容，点击“应用”按钮，如图4-12所示。

步骤 05 弹出相应的面板，❶选择“仅添加文本”选项；❷点击“添加至轨道”按钮，如图4-13所示，即可添加字幕。

步骤 06 点击“文本朗读”按钮，在弹出的“文本朗读”界面中，❶选择“清亮男声”选项；❷选中“应用到全部字幕”复选框；❸点击✔按钮，如图4-14所示，即可为所有字幕添加朗读音频。

步骤 07 接下来修改文案样式，点击“编辑字幕”按钮，如图4-15所示。

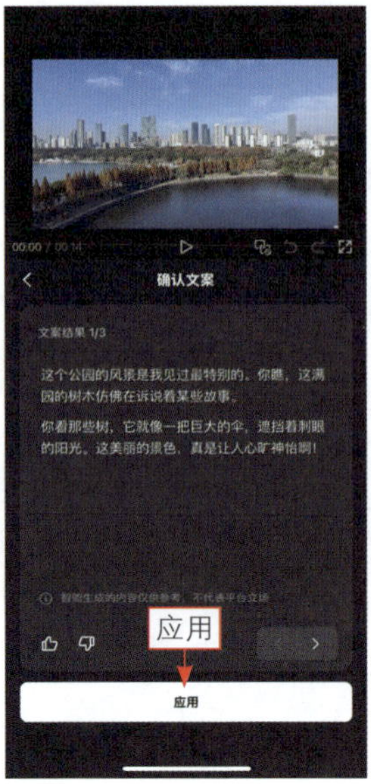

图 4-12　点击“应用”按钮

图 4-13　点击“添加至轨道”按钮

步骤 08 弹出相应的面板，❶选择第1段文字；❷点击Aa按钮，如图4-16所示。

图 4-14　点击✔按钮

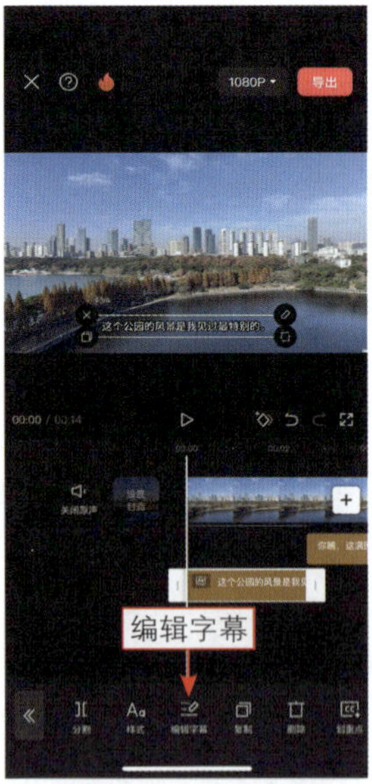

图 4-15　点击“编辑字幕”按钮

图 4-16　点击 Aa 按钮

步骤 09 ❶切换至“字体”|“热门”选项卡；❷选择一个合适的字体，如

图4-17所示。

步骤 10 ❶切换至“样式”选项卡；❷设置“字号”参数为6，微微放大文字；❸点击☑按钮，如图4-18所示。

步骤 11 ❶调整文字的位置；❷点击“导出”按钮，如图4-19所示，导出视频。

图 4-17　选择一个合适的字体

图 4-18　点击☑按钮

图 4-19　点击“导出”按钮

4.1.3　写营销文案

扫码看教学视频

【效果展示】：在剪映手机版中使用AI功能写营销广告时，也需要输入相应的提示词，这样系统才能写出满足用户需求的文案，并生成相应的字幕，效果如图4-20所示。

图 4-20　效果展示

下面介绍在剪映手机版中利用AI写营销文案的操作方法。

步骤01 在剪映手机版中导入视频素材，在下方的一级工具栏中，点击“文本”按钮，如图4-21所示。

步骤02 在弹出的二级工具栏中，点击“AI配旁白”按钮，如图4-22所示。

步骤03 弹出相应的面板，❶设置文案主题为“营销广告”；❷输入“产品名”为“无人机”、“产品卖点”为“稳定，便携，续航久”；❸点击“生成旁白”按钮，如图4-23所示。

图4-21　点击“文本”按钮

图4-22　点击“AI配旁白”按钮

图4-23　点击“生成旁白”按钮

步骤04 稍等片刻，即可生成文案内容，点击“应用”按钮，如图4-24所示，确定文案。

步骤05 弹出相应的面板，❶选择“文本朗读”选项；❷点击“添加至轨道”按钮，如图4-25所示。

步骤06 进入“文本朗读”界面，为了给文案配音，选中“应用到全部字幕”复选框，❶选择“知性女声”选项；❷点击✓按钮即可，如图4-26所示。

步骤07 为了修改文案样式，在界面下方的工具栏中，点击“编辑字幕”按钮，如图4-27所示。

步骤08 弹出相应的面板，❶选择第1段文字；❷点击Aa按钮，如图4-28所示。

步骤09 在“样式”选项卡中，设置“字号”参数为6，微微放大文字，如图4-29所示。

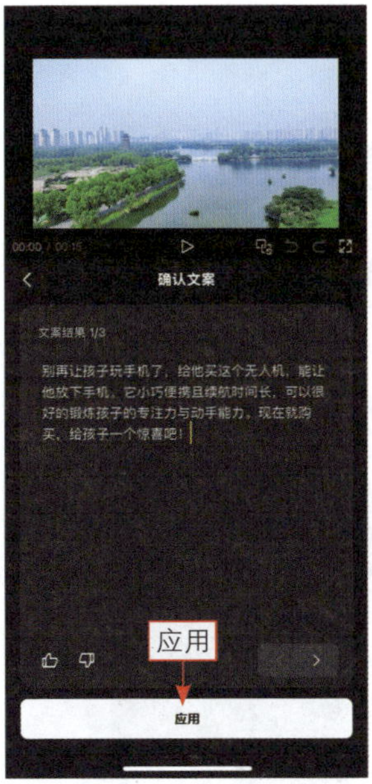

图 4-24　点击“应用”按钮

图 4-25　点击“添加至轨道”按钮

图 4-26　点击✓按钮

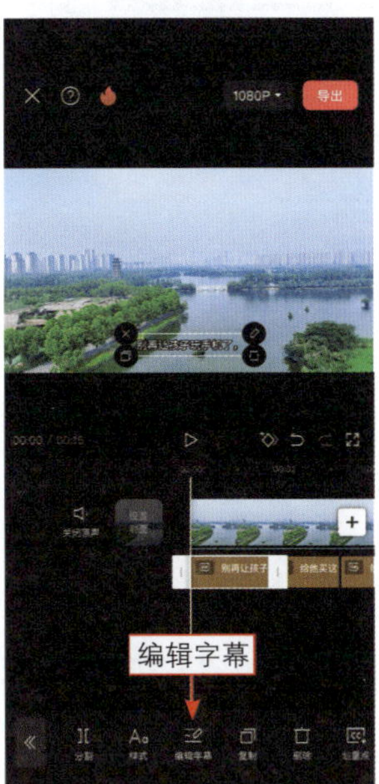

图 4-27　点击“编辑字幕”按钮

图 4-28　点击 Aa 按钮

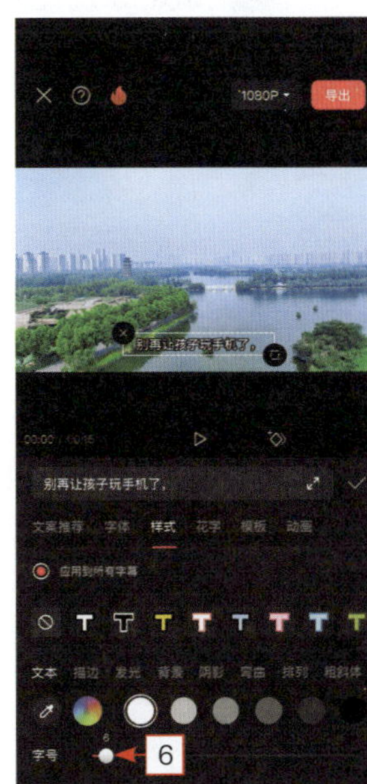

图 4-29　设置“字号”参数

步骤 10 ❶切换至“字体”|“热门”选项卡；❷选择一个合适的字体，如图4-30所示。

步骤 11 ❶选择视频素材；❷在音频的末尾位置点击“分割”按钮，分割素材；❸点击“删除”按钮，如图4-31所示，删除多余的视频片段。

图 4-30　选择一个合适的字体

图 4-31　点击“删除”按钮

★ 专 家 提 醒 ★

剪映中的“智能文案”功能有多种主题供用户选择，除了营销广告，还有励志鸡汤、美食推荐、旅游感悟及生活记录等。

4.2　AI 作图

在AI文案的智能辅助下，文案创作变得更加高效和精准。现在将目光转向AI作图，本节将揭开如何利用人工智能技术，将创意转化为视觉艺术。从通用模型的广泛应用，到画面尺寸的自由调整，每一步都是对AI作图能力的精彩展示。读者将学习到如何通过简单的提示词，让AI理解并创造出符合预期的图像，实现以图生图的神奇效果，让视频内容的视觉效果更加丰富和专业。

4.2.1　使用通用模型

扫码看教学视频

【效果展示】：剪映手机版中的通用模型也可以称为默认模型，没有特定的风格要求，用自定义提示词生成的图片也是通用场景下的画面，效果如图4-32所示。

图4-32　效果展示

下面介绍在剪映手机版中使用通用模型进行绘画的操作方法。

步骤 01 打开剪映手机版，进入“剪辑”界面，点击“AI作图”按钮，进入“创作”界面，①自定义提示词，在提示词面板中输入“摄影风格，高空有北极光，一个人站在山下，远望极光，8K”；②点击按钮，如图4-33所示。

步骤 02 进入“参数调整”面板，①默认选择“通用1.2”模型和1：1比例样式；②点击✓按钮，如图4-34所示，再点击“立即生成”按钮。

步骤 03 稍等片刻，剪映会生成4张图片，如图4-35所示。

图4-33　点击按钮

图4-34　点击✓按钮

图4-35　剪映会生成4张图片

4.2.2 改变画面尺寸

【效果展示】：在剪映中进行AI绘画，默认的图片比例是1∶1，用户可以根据自己的需求，更改AI作图的画面尺寸，效果如图4-36所示。

扫码看教学视频

图 4-36 效果展示

下面介绍在剪映手机版中改变AI作图的画面尺寸的操作方法。

步骤 01 打开剪映手机版，进入“剪辑”界面，点击“AI作图”按钮，进入“创作”界面，❶自定义提示词，在提示词面板中输入“春风十里，桃花盛开”；❷点击按钮，如图4-37所示。

步骤 02 进入“参数调整”面板，❶默认选择“通用1.2”模型；❷选择4∶3比例样式，改变图片比例；❸点击按钮，如图4-38所示，再点击“立即生成”按钮。

步骤 03 稍等片刻，剪映会生成4张图片，如图4-39所示。

图 4-37 点击按钮

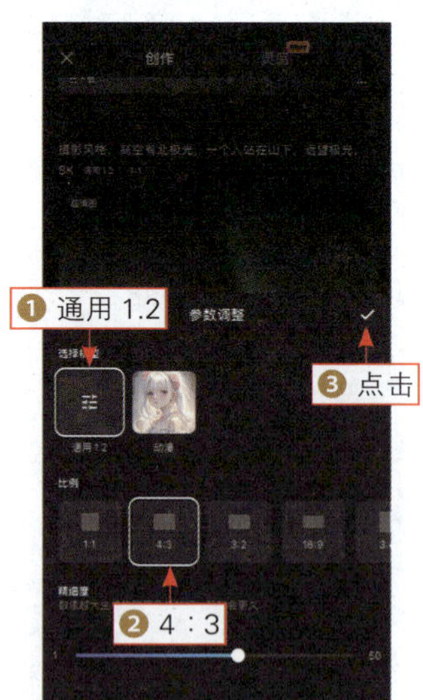

图 4-38 点击按钮

图 4-39 剪映会生成 4 张图片

4.2.3　以图生图效果

扫码看教学视频

【效果对比】：在剪映中，用户可以将唯美的图片转换成其他风格，让图像变得更加梦幻，原图与效果图对比如图4-40所示。

下面介绍在剪映手机版中以图生图的操作方法。

步骤 01 在剪映手机版中导入图片，点击“特效”按钮，如图4-41所示。

步骤 02 在弹出的二级工具栏中，点击“AI特效”按钮，如图4-42所示。

步骤 03 进入“灵感”界面，点击“3D”按钮，如图4-43所示，即可切换至3D选项卡。

图 4-40　原图与效果图对比

图 4-41　点击“特效”按钮

图 4-42　点击“AI 特效”按钮

图 4-43　点击 3D 按钮

步骤 04 ❶选择一个喜欢的模板；❷点击“生成”按钮，如图4-44所示。

步骤 05 弹出“效果预览”面板，❶选择第4个选项；❷点击“应用”按钮，生成图像，如图4-45所示。

图 4-44　点击“生成”按钮

图 4-45　点击“应用”按钮

4.3　AI 剪辑

本节介绍如何利用AI简化视频制作，智能识别字幕和歌词来提升剪辑效率，利用AI调色还可以赋予视频专业级的色彩。

4.3.1　智能识别字幕

扫码看教学视频

【效果展示】：运用智能“识别字幕”功能识别出来的字幕，会自动生成在视频画面的下方，不过需要视频中带有清晰的人声音频，否则无法识别，方言可能也识别不出来，效果如图4-46所示。

图 4-46　效果展示

下面介绍在剪映手机版中使用智能“识别字幕”功能为视频添加字幕的操作方法。

步骤 01 在剪映手机版中导入视频，点击“文本”按钮，如图4-47所示。

步骤 02 在弹出的二级工具栏中，点击“识别字幕”按钮，如图4-48所示。

步骤 03 弹出“识别字幕”面板，点击“开始识别”按钮，如图4-49所示。

步骤 04 识别出字幕之后，点击“编辑字幕”按钮，如图4-50所示。

步骤 05 弹出相应的面板，❶选择第1段字幕；❷点击Aa按钮，如图4-51所示。

图 4-47　点击“文本”按钮

图 4-48　点击“识别字幕”按钮

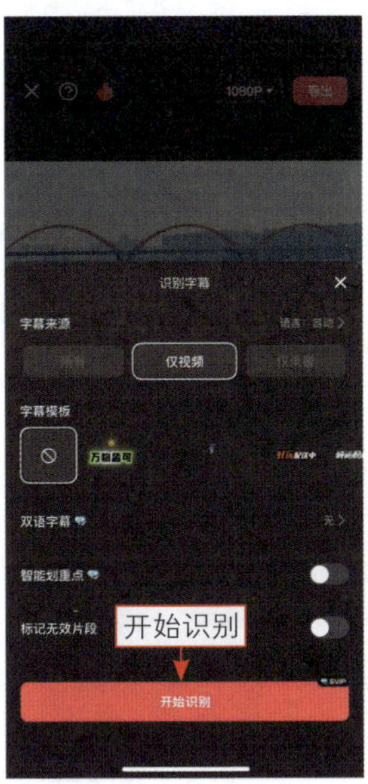

图 4-49　点击“开始识别”按钮

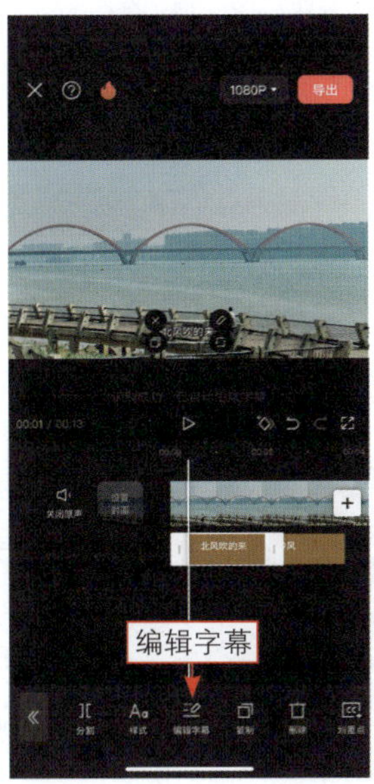

图 4-50　点击“编辑字幕”按钮

图 4-51　点击 Aa 按钮

步骤 06 进入相应的界面，❶切换至“模板”|“字幕”选项卡；❷选择合适的文字模板，如图4-52所示，用户可以根据自己的喜好选择一个模板。

步骤 07 ❶选中“应用到所有字幕”复选框；❷点击☑按钮，如图4-53所示，把模板应用到所有文段。

步骤 08 操作完成后，点击“导出”按钮，即可导出视频，如图4-54所示。

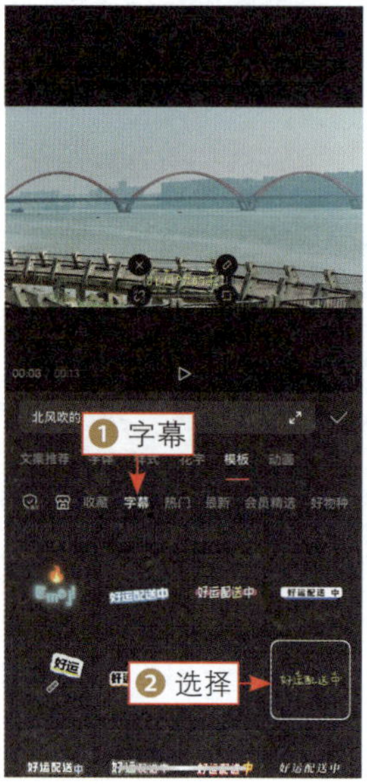

图 4-52　选择合适的文字模板

图 4-53　点击✓按钮

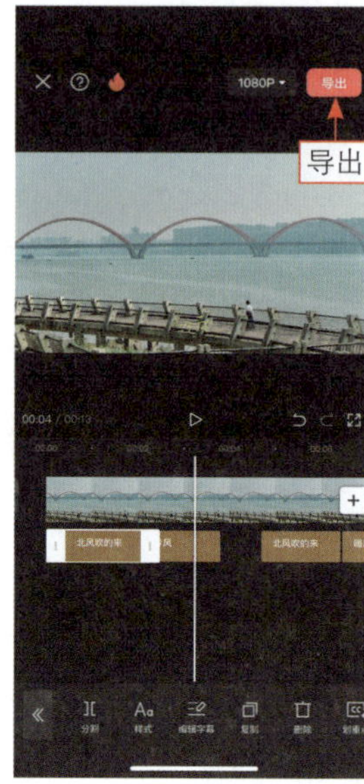

图 4-54　点击“导出”按钮

4.3.2　智能识别歌词

【效果展示】：如果视频中有清晰的中文歌曲作为背景音乐，可以使用“识别歌词”功能，快速识别出歌词字幕，省去了手动添加歌词字幕的操作，还能添加字幕动画，让视频画面更加生动，效果如图4-55所示。

扫码看教学视频

图 4-55　效果展示

下面介绍在剪映手机版中使用“识别歌词”功能为视频添加字幕的操作方法。

步骤 01 在剪映手机版中导入一段视频素材，为了识别出歌词字幕，点击“文本”按钮，如图4-56所示。

步骤 02 在弹出的二级工具栏中，点击“识别歌词”按钮，如图4-57所示。

步骤 03 弹出“识别歌词”面板，点击“开始匹配”按钮，如图4-58所示。

图 4-56　点击“文本”按钮

图 4-57　点击“识别歌词”按钮

图 4-58　点击“开始匹配”按钮

步骤 04 识别出歌词字幕之后，点击“编辑字幕”按钮，如图4-59所示。

步骤 05 弹出相应的面板，❶选择第1段文字；❷点击Aa按钮，如图4-60所示。

步骤 06 接下来修改字体，❶切换至“字体”|“热门”选项卡；❷选择合适的字体，如图4-61所示。

图 4-59　点击“编辑字幕”按钮

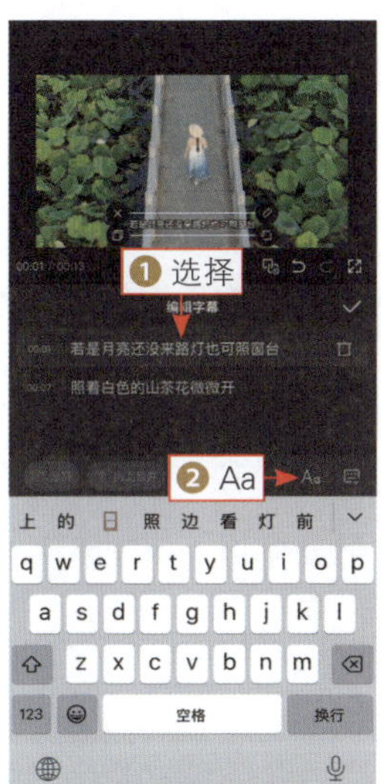

图 4-60　点击 Aa 按钮

图 4-61　选择合适的字体

步骤07 要想制作KTV字幕效果，❶切换至“动画”选项卡；❷选择“卡拉OK”入场动画；❸选择合适的色块，更改文字的颜色，如图4-62所示。

步骤08 操作完成后，点击“导出”按钮，如图4-63所示，导出视频。

图 4-62 选择合适的色块

图 4-63 点击“导出”按钮

4.3.3 “智能调色”功能

扫码看教学视频

【效果对比】：如果视频画面过曝或者欠曝，色彩不够鲜艳，可以使用“智能调色”功能，对画面进行调色，原图与效果图对比如图4-64所示。

图 4-64 原图与效果图对比

下面介绍在剪映手机版中使用“智能调色”功能的操作方法。

步骤 01 在剪映手机版中导入视频素材，❶选择视频素材；❷点击“调节”按钮，如图4-65所示。

步骤 02 在“调节”选项卡中选择“智能调色”选项，给视频快速调色，如图4-66所示。

步骤 03 设置“饱和度”参数为6，让画面色彩变得鲜艳一些，如图4-67所示。

步骤 04 设置“对比度”参数为7，提升明暗对比度，让视频画面更加清晰，如图4-68所示。

步骤 05 点击“导出”按钮，如图4-69所示，导出视频。

图 4-65　点击“调节”按钮

图 4-66　选择“智能调色”选项

图 4-67　设置“饱和度”参数

图 4-68　设置“对比度”参数

图 4-69　点击“导出”按钮

★ 专家提醒 ★

利用“智能调色”功能可以优化视频画面，但是还需要根据画面的不足，进行更精细的调整，这样才能获得更精彩的画面效果。

4.4 AI配音

剪映的“AI配旁白”功能可以根据用户提供的视频生成旁白，同时，利用“AI故事成片”功能可以生成一段故事并自动配音。这大大简化了视频配音的流程。本节将为大家介绍这两种功能的使用方法。

4.4.1 使用“AI配旁白”功能

扫码看教学视频

【效果展示】：“AI配旁白”功能允许用户将文本转换成自然流畅的语音，提供了多种音色和语速选择，使得视频内容更加生动有趣，效果如图4-70所示。

图 4-70　效果展示

下面介绍在剪映手机版中使用“AI配旁白”功能的操作方法。

步骤 01 打开剪映手机版，进入“剪辑”界面，点击“AI配旁白”按钮，如图4-71所示。

步骤 02 进入“AI配旁白”界面，点击“上传素材”按钮，如图4-72所示。

步骤 03 进入“最近项目”界面，❶在其中选择1段视频素材；❷点击“下一步”按钮，如图4-73所示。

步骤 04 弹出相应的面板，❶在“描述视频主题”文本框中输入“公园慢走”；❷点击“生成视频”按钮，如图 4-74 所示。

步骤 05 稍等片刻，即可生

图 4-71　点击“AI 配旁白”按钮

图 4-72　点击相应的按钮

成5段有旁白的视频，效果如图4-75所示，选择一段自己喜欢的视频即可。

图 4-73　点击“下一步”按钮

图 4-74　点击“生成视频”按钮

图 4-75　生成 5 段视频

步骤 06 执行操作后，点击“导出”按钮，如图4-76所示。

步骤 07 弹出“导出设置”面板，在其中点击“保存到本地”按钮，如图4-77所示，把视频导出至本地相册中。

步骤 08 显示“导出成功”，表示视频已保存至相册中，如图4-78所示。

图 4-76　点击“导出”按钮

图 4-77　点击“保存到本地”按钮

图 4-78　显示“导出成功”

4.4.2 使用“AI故事成片”功能

扫码看教学视频

【效果展示】：“AI故事成片”功能能够根据用户输入的主题和话题文字智能生成视频文案，并自动匹配视频素材，以及自动配音、配乐和配字幕，从而生成完整的视频，效果如图4-79所示。

图 4-79 效果展示

下面介绍在剪映手机版中使用“AI故事成片”功能的操作方法。

步骤 01 打开剪映手机版，进入“剪辑”界面，点击“展开”按钮，在展开的功能面板中点击“AI故事成片”按钮，如图4-80所示。

步骤 02 进入“AI故事成片”界面，点击“AI生成”按钮，如图4-81所示。

步骤 03 弹出相应的界面，❶在文本框中输入相应的主题及核心要点；❷点击“生成文案”按钮，如图4-82所示。

图 4-80 点击“AI 故事成片”按钮

图 4-81 点击相应的按钮

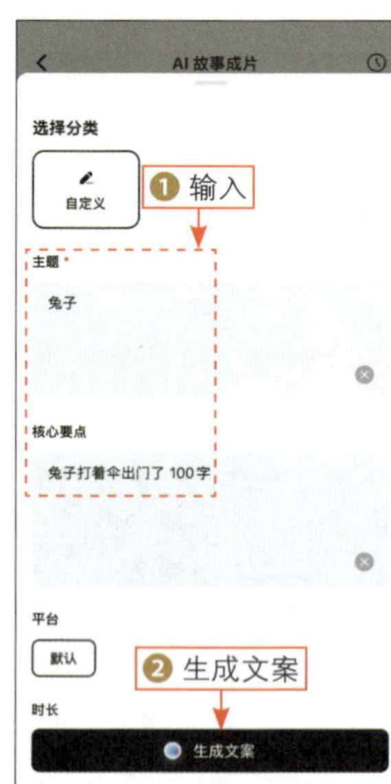

图 4-82 点击“生成文案”按钮

步骤 04 稍等片刻，即可生成3段文案，点击“使用”按钮，如图4-83所示。

步骤 05 执行上述操作后，文案会被自动添加至文本框中，效果如图4-84所示。

步骤 06 在“画面风格”选项区域选择“写实电影”选项，调整画面风格，如图4-85所示。

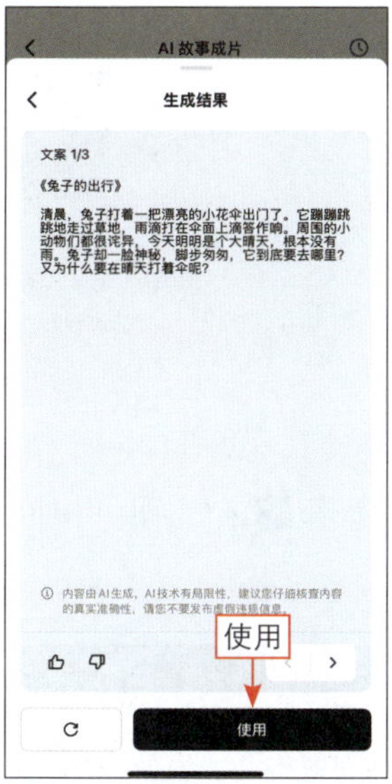

图 4-83　点击“使用”按钮

图 4-84　文案被自动添加至文本框中

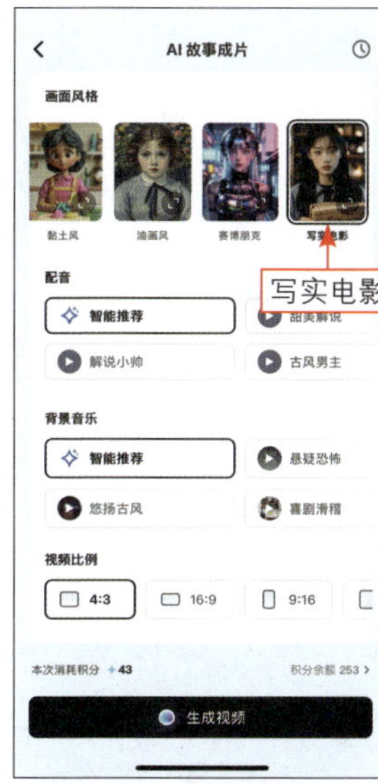

图 4-85　选择相应的选项

步骤 07 ❶在“视频比例”选项区域选择4：3选项，改变视频比例；❷点击“生成视频”按钮，如图4-86所示。

步骤 08 稍等片刻，即可生成一段视频，点击“导出”按钮，如图4-87所示，导出视频。

图 4-86　点击“生成视频”按钮

图 4-87　点击“导出”按钮

4.5 AI音效

在数字音频领域，克隆音色技术以其深度学习能力，可以精准捕捉并再现声音特征，实现了声音的无缝复制与传播。

4.5.1 使用AI克隆音色

在剪映手机版中，用户可以通过“克隆音色”功能来克隆自己的声音，仅需录制10秒人声，即可快速克隆专属音色。

扫码看教学视频

下面介绍在剪映手机版中录制人声的操作方法。

步骤 01 在剪映手机版中导入一段视频素材，在一级工具栏中，点击“音频”按钮，如图4-88所示。

步骤 02 在弹出的二级工具栏中，点击“克隆音色”按钮，如图4-89所示。

步骤 03 弹出“克隆音色”面板，点击“开始克隆”按钮，如图4-90所示，添加新的音色。

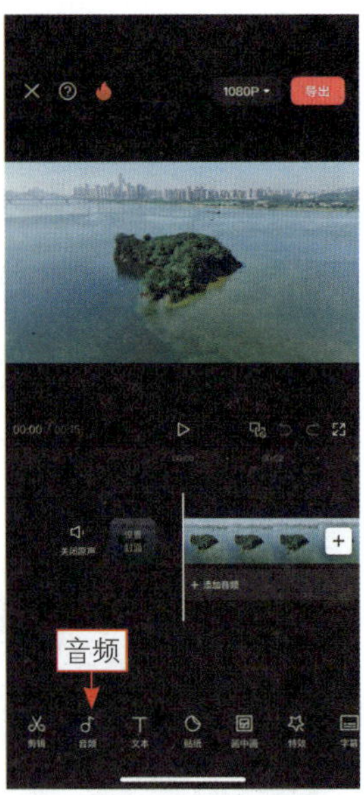

图 4-88　点击“音频”按钮

图 4-89　点击“克隆音色”按钮

图 4-90　点击“开始克隆”按钮

步骤 04 执行操作后，即可进入“录制音频”界面，点击“点击或长按进行录制”按钮，如图4-91所示。

步骤 05 用户朗读剪映随机生成的例句，朗读完成后，点击按钮，稍等片刻，即可生成自己的克隆音色，如图4-92所示。

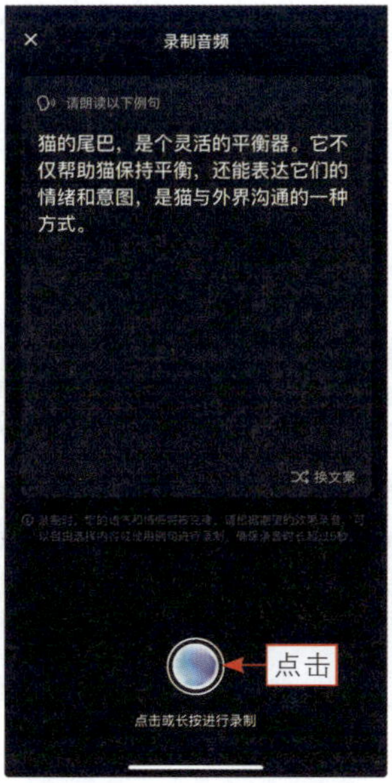

图 4-91　点击“点击或长按进行录制”按钮

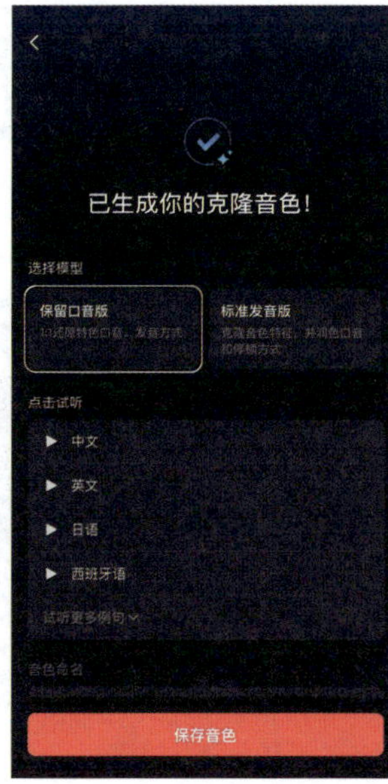

图 4-92　生成自己的克隆音色

4.5.2　使用AI改变音色

扫码看教学视频

【效果展示】：如果用户对自己的原声音色不是很满意，或者想改变音频音色，可以使用AI改变音频的音色，视频画面如图4-93所示。

图 4-93　效果展示

下面介绍在剪映手机版中使用AI改变音色的操作方法。

步骤 01 在剪映手机版中导入视频素材，❶选择视频素材；❷点击“音频分离”按钮，如图4-94所示，把音频素材分离出来。

步骤 02 ❶选择音频素材；❷点击“声音效果”按钮，如图4-95所示。

步骤 03 ❶在“音色广场”选项卡中选择“沉稳男声”选项；❷点击✓按钮，如图4-96所示，改变音频的音色效果。

图 4-94　点击“音频分离”按钮

图 4-95　点击相应的按钮

图 4-96　点击✓按钮

4.6　AI 特效

本节将深入探讨剪映的AI特效，引领大家领略其独特的魅力。首先介绍热门模型的AI特效；接着阐述使用描述词添加AI特效的方法；最后探索利用AI制作音乐的创新方式。通过这些内容，全面展现剪映AI特效的强大功能。

4.6.1　使用AI特效的热门模型

扫码看教学视频

【效果对比】：热门模型是很受欢迎的，这种模型提供多样化的视觉效果，还能根据用户的需求进行定制化的调整，原图与效果图对比如图4-97所示。

图 4-97　原图与效果图对比

下面介绍在剪映手机版中使用热门模型的AI特效的操作方法。

步骤 01 在剪映手机版中导入图片，点击“特效”按钮，如图4-98所示。

步骤 02 在弹出的二级工具栏中，点击“AI特效”按钮，如图4-99所示。

图 4-98　点击“特效”按钮

图 4-99　点击“AI 特效”按钮

步骤 03 进入“热门”选项卡，❶选择“写实3D”选项；❷点击“生成”按钮，如图4-100所示。

步骤 04 进入“效果预览”界面，❶选择第1个选项；❷点击“应用”按钮，如图4-101所示，生成相应的图像。

图 4-100　点击“生成”按钮

图 4-101　点击“应用”按钮

步骤 05 下面添加背景音乐，在界面下方的一级工具栏中，点击“音频”按钮，如图4-102所示。

步骤 06 在弹出的二级工具栏中，点击“音乐”按钮，如图4-103所示。

步骤 07 ❶选择一个喜欢的音乐；❷点击“使用”按钮，如图4-104所示，添加背景音乐。

步骤 08 ❶拖曳时间线至视频末尾位置；❷点击“分割”按钮，分割音频；❸点击“删除”按钮，如图4-105所示，删除多余的音频。

步骤 09 点击“导出”按钮，如图4-106所示，导出视频。

图 4-102　点击“音频”按钮

图 4-103　点击“音乐”按钮

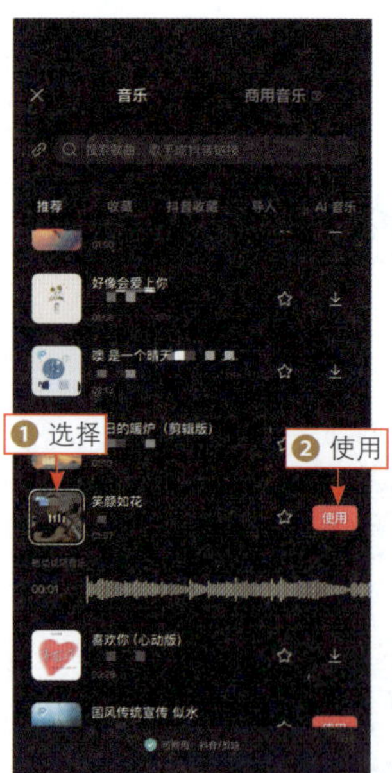

图 4-104　点击“使用”按钮

图 4-105　点击“删除”按钮

图 4-106　点击“导出”按钮

4.6.2 使用描述词添加AI特效

扫码看教学视频

【效果对比】：自定义提示词（描述词）功能赋予了视频创作者更大的灵活性和创造力。用户只需输入特定的关键词或短语，AI即可智能识别并触发一系列预设或自定义的视觉特效，从而快速实现复杂的视觉效果，原图与效果图对比如图4-107所示。

图 4-107 原图与效果图对比

下面介绍在剪映手机版中使用描述词添加AI特效的操作方法。

步骤 01 打开剪映手机版，进入“剪辑”界面，点击“展开”按钮，展开功能面板，点击“AI特效”按钮，如图4-108所示。

步骤 02 进入“最近项目”界面，在其中选择一张图片，如图4-109所示，添加图片素材。

步骤 03 在“请输入描述词”面板中，❶点击空白处；❷点击⊠按钮，如图4-110所示，清空面板。

图 4-108 点击“AI 特效”按钮

图 4-109 选择一张图片

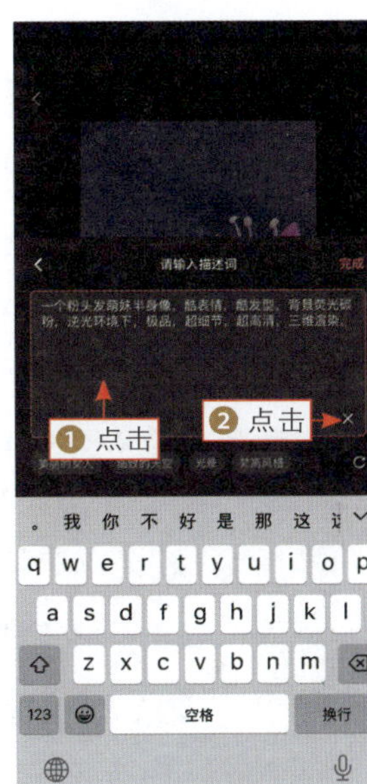

图 4-110 点击⊠按钮

步骤 04 输入新的描述词，如图4-111所示。

步骤 05 ❶设置“强度”参数为100，使效果更加接近描述词描绘的效果；❷点击“立即生成”按钮，如图4-112所示，即可以图生图。

步骤 06 生成图片之后，点击“保存”按钮，如图4-113所示，即可保存图片。

图 4-111　输入新的描述词

图 4-112　点击“立即生成”按钮

图 4-113　点击“保存”按钮

4.6.3　使用AI创作音乐

【效果对比】：剪映的“AI音乐”功能利用了先进的人工智能技术，用户只需简单描述想要表达的内容，AI即可为视频创作出专属的歌词和旋律，支持生成人声音乐和纯音乐两种类型，视频效果如图4-114所示。

扫码看教学视频

图 4-114　视频效果展示

下面介绍使用剪映手机版的“AI音乐”功能制作歌曲的操作方法。

步骤 01 ❶在剪映手机版中导入一段视频素材；❷点击"关闭原声"按钮，如图4-115所示，关闭视频的原始音乐。

步骤 02 依次点击"音频"和"AI音乐"按钮，如图4-116所示，弹出"AI音乐"面板。

步骤 03 在"音乐类型"选项区域选择"人声歌曲"选项，如图4-117所示，选择音乐类型。

步骤 04 ❶在"描述你想要的音乐"面板中输入"氛围感，慢音乐，女声"提示词；❷点击"开始生成"按钮，如图4-118所示，稍等片刻，即可生成音乐。

图 4-115　点击"关闭原声"按钮

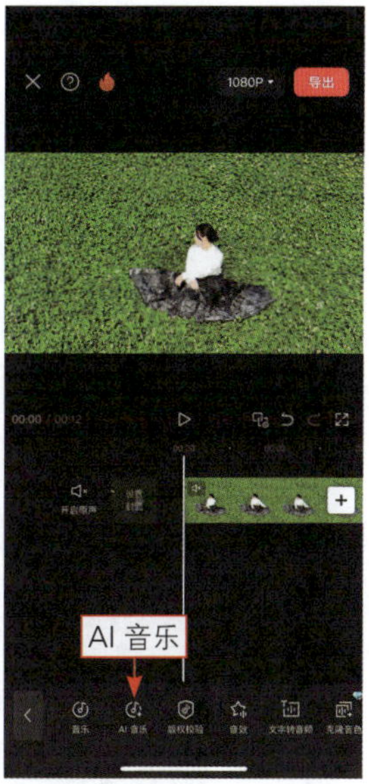

图 4-116　点击相应的按钮

图 4-117　选择"人声歌曲"选项

图 4-118　点击"开始生成"按钮

步骤 05 ❶在生成的3首歌曲中选择其中一首；❷点击右侧的"使用"按钮，如图4-119所示，即可为视频添加AI生成的音乐。

步骤 06 ❶将时间线拖曳至视频末尾位置；❷选择音频；❸点击"分割"按

钮，分割音频；❹点击“删除”按钮，删除多余的音频，如图4-120所示。

图 4-119　点击“使用”按钮

图 4-120　点击“删除”按钮

本章小结

本章首先介绍了AI文案创作，包括文案推荐和视频讲解文案的撰写技巧；接着讲解了AI作图功能，从自定义提示词到通用模型的应用，以及画面尺寸的调整；然后介绍AI剪辑技术，如智能识别字幕和歌词，以及智能调色；最后介绍了AI配音和音效处理，以及AI特效的应用，全面展示了剪映的AI功能在视频制作中的多样化应用。

课后实训

以下是精心设计的课后实训项目，旨在通过实践加深读者对知识点的理解和记忆。请认真参与每项练习，以实现知识的内化和应用。

扫码看教学视频

【实训任务】： 通过自定义模型，用户能够触发独特的视觉特效，将个人创意融入视频制作中，实现高度定制化的视觉效果。这种灵活性不仅提升了创作自由度，也为视频内容增添了无限可能。请使用剪映手机版的AI特效功能，为一张照片素材应用自定义模型，制作出漫画风格的效果，原图与效果图对比如图4-121所示。

下面介绍在剪映手机版中使用自定义模型制作漫画风格的操作方法。

步骤 01 在剪映手机版中导入图片，点击“特效”按钮，如图4-122所示。

步骤 02 在弹出的二级工具栏中，点击“AI特效”按钮，如图4-123所示。

图 4-121　原图与效果图对比

步骤 03 进入“灵感”界面，❶切换至“自定义”界面；❷选择一个合适的模板，如“破次元壁”；❸输入提示词，如图4-124所示。

图 4-122　点击“特效”按钮

图 4-123　点击“AI 特效”按钮

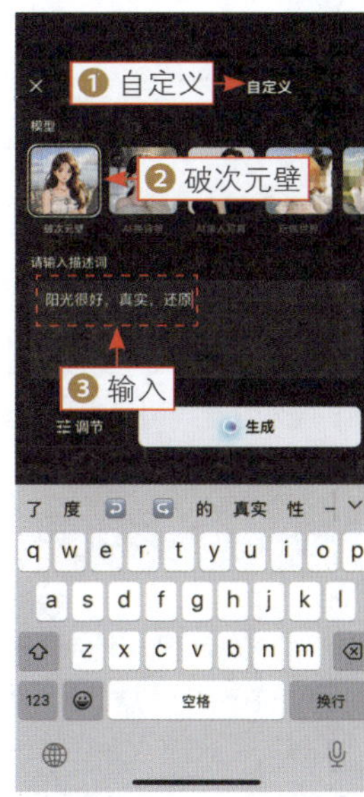

图 4-124　输入提示词

步骤 04 点击“生成”按钮，如图4-125所示，生成相应的图像。

步骤 05 进入“效果预览”界面，❶选择第3个选项；❷点击“应用”按钮，如图4-126所示，确认图像。

步骤 06 接下来添加背景音乐，在界面下方的一级工具栏中，点击“音频”按钮，如图4-127所示。

步骤 07 进入二级工具栏，点击“音乐”按钮，如图4-128所示。

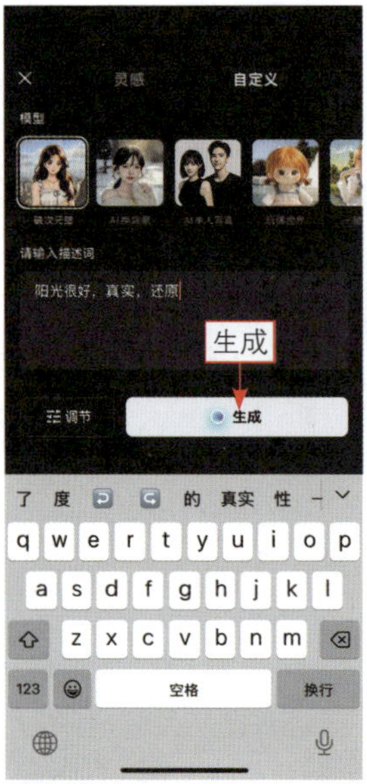

图 4-125　点击“生成”按钮

图 4-126　点击“应用”按钮

图 4-127　点击“音频”按钮

步骤 08 进入“音乐”界面，❶选择一首喜欢的歌曲，进行试听，如果对歌曲满意；❷点击“使用”按钮，如图4-129所示，使用音乐。

步骤 09 ❶拖曳时间线至视频末尾位置；❷点击“分割”按钮，分割多余的音频；❸点击“删除”按钮，如图4-130所示，删除多余的音频。

图 4-128　点击“音乐”按钮

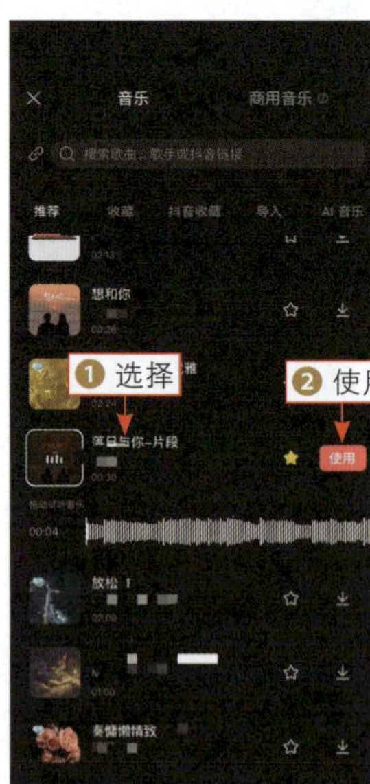

图 4-129　点击“使用”按钮

图 4-130　点击“删除”按钮

第5章　剪映的高阶用法

通过学习前面的内容，读者对剪映基础功能有了一定的掌握，本章将带领用户深入探索剪映的高阶用法。从蒙版技巧到关键帧动画，再到抠图和变速技术，旨在提升用户制作视频的专业度和创意表达。用户将学习如何运用这些高级技巧，打造出更具吸引力的视频作品。

5.1　蒙版的两种用法

本节将聚焦于蒙版功能，这是视频制作中用于增加视觉层次和创意表达的重要工具。接下来将介绍两种蒙版的用法，从划屏调色对比到文字分割文字，这些技巧将助力用户提升视频内容的深度和复杂度，为观众带来更加丰富和动态的视觉体验。

5.1.1　蒙版1：划屏调色对比

扫码看教学视频

【效果展示】：运用蒙版功能，可以制作出划屏对比视频，制作色彩反差的转场效果，实用性非常强，效果如图5-1所示。

图 5-1　效果展示

下面介绍在剪映手机版中运用蒙版制作划屏调色对比效果的操作方法。

步骤 01 在剪映手机版中，导入两段一样的视频，❶选择第1段视频；❷点击“切画中画”按钮，如图5-2所示，将第1段视频切换至画中画轨道。

步骤 02 ❶选择视频轨道中的视频；❷点击“滤镜”按钮，如图5-3所示。

步骤 03 ❶在“风景”选项卡中选择“鲜明Ⅱ”滤镜；❷设置滤镜程度参数为100，如图5-4所示，为视频添加滤镜。

步骤 04 ❶选择画中画轨道中的视频；❷在起始位置点击◇按钮，添加关键帧；❸点击“蒙版”按钮，如图5-5所示，弹出“蒙版”面板。

图 5-2　点击“切画中画”按钮

图 5-3　点击“滤镜”按钮

图 5-4　设置滤镜程度参数

步骤 05 ❶选择“线性”蒙版；❷调整蒙版线的角度和位置，使其旋转90°并处于画面最左边，如图5-6所示。

步骤 06 ❶拖曳时间线至视频第5s左右的位置；❷调整蒙版线的位置，使其处于画面最右边，如图5-7所示，这样就能实现滑屏对比的效果。

图 5-5　点击“蒙版”按钮

图 5-6　调整蒙版线的角度和位置

图 5-7　调整蒙版线的位置

5.1.2　蒙版2：文字分割文字

扫码看教学视频

【效果展示】：直接制作的文字是无法添加蒙版的，但可以通过为文字视频添加蒙版，制作出新奇有趣的对文字进行上下分割的效果，效果如图5-8所示。

图 5-8　效果展示

下面介绍在剪映手机版中运用蒙版制作文字分割文字效果的操作方法。

步骤 01 在剪映手机版中，导入一段黑底素材，添加一个时长为3s、“字号”参数为56的文本，如图5-9所示，将文字视频导出备用。

步骤 02 新建一个草稿文件，在视频轨道中导入视频素材，新建一个文本，❶输入正文内容；❷选择一个字体；❸调整文本的大小和位置，如图5-10所示。

步骤 03 ❶切换至“样式”选项卡；❷选择一个预设样式，如图5-11所示。

步骤 04 在“动画”选项卡中，❶选择“随机弹跳”入场动画；❷设置动画时长为3.0s，如图5-12所示，为文本添加动画效果。

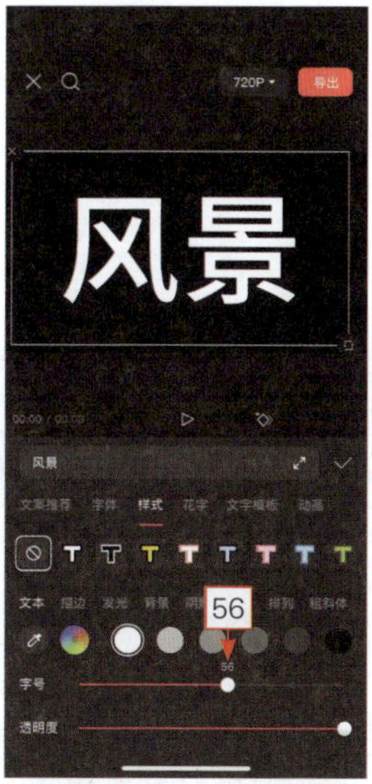

图 5-9 “字号”参数为 56

图 5-10 调整文本的大小和位置

图 5-11 选择一个样式

步骤 05 在视频起始位置导入前面导出的文字视频，选择文字视频，点击“切画中画”按钮，将其切换到画中画轨道中，①选择文字视频；②调整画面大小；③点击“混合模式”按钮，如图5-13所示。

步骤 06 在“混合模式”面板中，选择“滤色”选项，如图5-14所示，去除文字视频的黑底。

图 5-12 设置动画时长

图 5-13 点击“混合模式”按钮

图 5-14 选择“滤色”选项

步骤 07 ❶点击按钮添加一个关键帧；❷点击“蒙版”按钮，如图5-15所示。

步骤 08 在“蒙版”面板中，❶选择“镜面”蒙版；❷调整蒙版的宽度；❸点击“反转”按钮，反转蒙版的显示区域，如图5-16所示，拖曳时间线至相应的位置。

步骤 09 再次调整蒙版，如图5-17所示。

图 5-15　点击“蒙版”按钮

图 5-16　点击“反转”按钮

图 5-17　调整蒙版的大小

5.2　关键帧的两种用法

在剪映手机版中，关键帧按钮以符号的形式出现，拖曳时间线至相应的位置，点击该按钮即可添加关键帧。本节将介绍在剪映手机版中的两种关键帧玩法，以视频剪辑高手为导向，为大家提供关键帧的操作方法详解和剪辑思路。

5.2.1　用法1：歌词逐句显示

【效果展示】：在剪映手机版中运用关键帧和“卡拉OK”动画可以制作出歌词逐字显示，并展示在画面中的效果，如图5-18所示。

下面介绍在剪映手机版中制作歌词逐句显示效果的操作方法。

扫码看教学视频

图 5-18　效果展示

步骤 01 在剪映手机版中点击“开始创作”按钮，❶导入视频素材；❷点击“文本”按钮，如图5-19所示。

步骤 02 进入二级工具栏，点击“识别歌词”按钮，如图5-20所示。

步骤 03 在“识别歌词”面板中，点击“开始匹配”按钮，稍等片刻，即可生成歌词文本，如图5-21所示。

图 5-19　点击“文本”按钮

图 5-20　点击“识别歌词”按钮

图 5-21　生成歌词文本

步骤 04 ❶选择第3段文字；❷点击“删除”按钮，删除多余的文字，如图5-22所示。选择视频素材，点击“分割”按钮，分割视频，再点击“删除”按钮，删除多余的视频。

步骤 05 ❶将第2句歌词文本平移至第2条字幕轨道中；❷调整第1句歌词文本的时长，使其结束位置与视频的结束位置对齐，如图5-23所示。

步骤 06 ①选择第1句歌词文本；②点击“编辑字幕”按钮，如图5-24所示。

图 5-22　点击“删除”按钮

图 5-23　调整第 1 句歌词文本的时长

图 5-24　点击相应的按钮

步骤 07 弹出“编辑字幕”面板，选择第1段文字，点击Aa按钮，弹出相应的面板，选中“应用到所有歌词”复选框，如图5-25所示。

步骤 08 在“字体”选项卡中，选择一个字体，如图5-26所示。

步骤 09 ①切换至“样式”选项卡；②设置“字号”参数为10，如图5-27所示。

图 5-25　选中“应用到所有歌词”复选框

图 5-26　选择一个字体

图 5-27　设置“字号”参数

步骤 10 在“排列”选项卡中，设置“字间距”参数为4，如图5-28所示，让文字稍微隔开一点。

步骤 11 ❶切换至“花字”选项卡；❷在“收藏”选项卡中选择一个花字样式，如图5-29所示，更改文字样式。

步骤 12 选择第1句歌词，点击“动画”按钮，如图5-30所示。

步骤 13 在“动画”选项卡中，❶选择“卡拉OK”入场动画；❷选择白色色块，使文字动画被覆盖时呈白色；❸调整动画时长为4.9s，如图5-31所示。

图 5-28　设置“字间距”参数

图 5-29　选择一个花字样式

步骤 14 用同样的方法为第2句歌词设置相同的动画和色块，如图5-32所示，默认动画时长为最长。

图 5-30　点击“动画”按钮

图 5-31　调整动画时长

图 5-32　设置相同的动画和色块

步骤 15 ❶返回上一级面板并拖曳时间线至第1句歌词动画结束的位置；❷点

击关键帧按钮，如图5-33所示，添加一个关键帧。

步骤 16 ①拖曳时间线至第2句歌词开始的位置；②将第1句歌词向上调整，如图5-34所示，自动添加第2个关键帧，将第2段文字调整至第1段文字下方。

步骤 17 点击“导出”按钮，导出视频，如图5-35所示。至此，即可完成歌词逐句显示的制作。

图 5-33　点击关键帧按钮

图 5-34　将第 1 句歌词向上移动

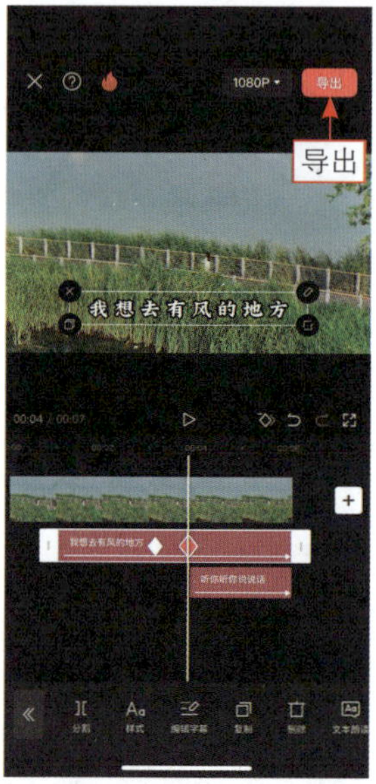

图 5-35　点击“导出”按钮

5.2.2　用法2：三屏合一片头

【效果展示】：三屏合一开场主要是把3个视频中的画面放在一起展示出来，三屏画面可以是同一个视频中的，分区显现即可，效果如图5-36所示。

扫码看教学视频

图 5-36　效果展示

下面介绍在剪映手机版中运用蒙版制作三屏合一片头的操作方法。

步骤 01 在剪映手机版中导入3段一样的视频，❶选择第2段素材视频；❷点击“切画中画”按钮，如图5-37所示，把素材切换至画中画轨道中。

步骤 02 把第3段素材视频切换至画中画轨道中，并调整时长，使每段素材视频的起始位置间隔约为1s左右，如图5-38所示。

步骤 03 ❶选择视频轨道中的素材；❷点击“蒙版”按钮，如图5-39所示。

图 5-37　点击“切画中画”按钮

图 5-38　调整视频时长

图 5-39　点击“蒙版”按钮

步骤 04 ❶选择“镜面”蒙版；❷调整蒙版的位置和角度，如图5-40所示。

步骤 05 用同样的方法为剩下的素材添加蒙版，并调整其位置，如图5-41所示。

步骤 06 ❶选择第2条画中画轨道中的素材；❷点击“动画”按钮，如图5-42所示，进入“入场动画”选项卡。

图 5-40 调整蒙版的位置和角度

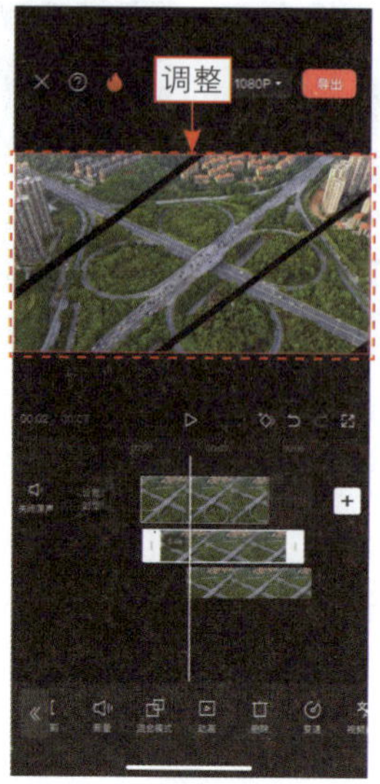

图 5-41 调整蒙版位置

图 5-42 点击“动画”按钮

步骤 07 选择“左右抖动”动画，如图5-43所示，为其他素材设置同样的动画。

步骤 08 返回工具栏，在视频的起始位置，点击“特效”按钮，如图5-44所示，进入二级工具栏，点击“画面特效”按钮。

步骤 09 ❶切换至“基础”选项卡；❷选择“泡泡变焦”特效，如图5-45所示。

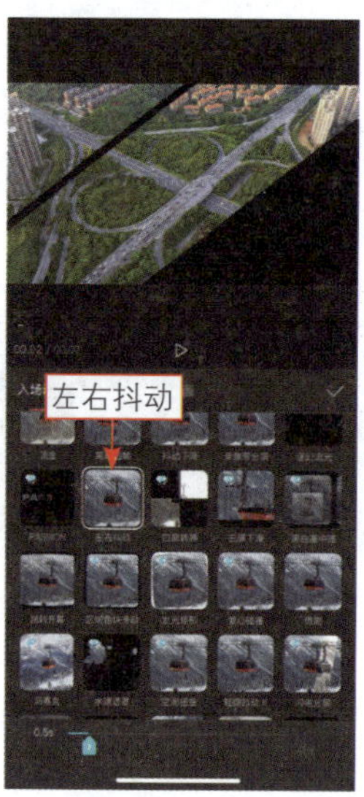

图 5-43 选择“左右抖动”动画

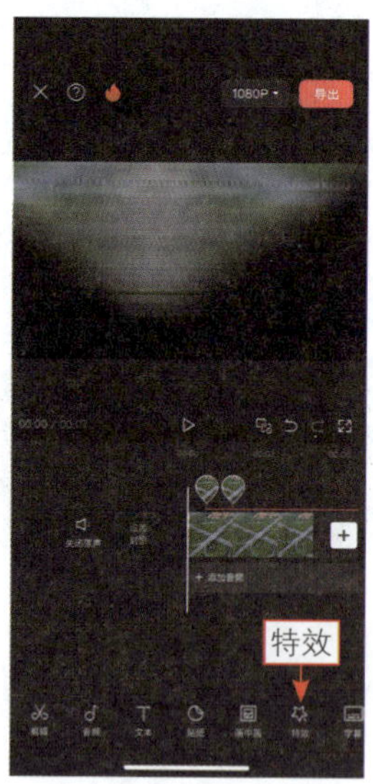

图 5-44 点击“特效”按钮

图 5-45 选择“泡泡变焦”特效

步骤 10 ❶调整特效的时长为约2s；❷点击“作用对象”按钮，如图 5-46 所示。

步骤 11 在“作用对象”面板中选择全局选项，如图5-47所示，将特效应用到全部片段。

步骤 12 依次选择第2段视频和第3段视频，点击“音量”按钮，把音量调到最小，如图5-48所示，让视频只保留第1段视频的音频。

图 5-46　点击“作用对象”按钮

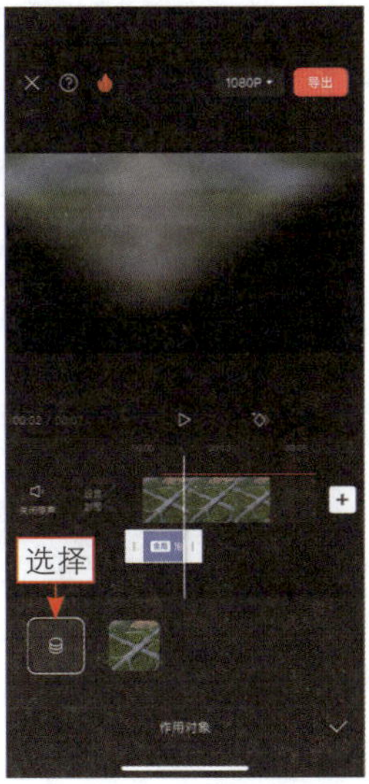

图 5-47　选择全局选项

图 5-48　把音量调到最小

5.3　抠图的两种方式

在剪映手机版的剪辑技巧中，抠图功能是提升视频创意的重要方式。本节将详细介绍两种抠图方式，包括出场人物介绍和穿越手机换景等高级技巧，这些方法将帮助视频创作者实现更加精细和富有创意的视觉呈现。

5.3.1　方式1：出场人物介绍

扫码看教学视频

【效果展示】：通过“智能抠像”功能可以对定格画面中的人物进行抠像，然后再更改画面背景、添加人物介绍说明文字和音效，即可制作出角色出场介绍，效果如图5-49所示。

图 5-49　效果展示

下面介绍在剪映手机版中制作出场人物介绍效果的操作方法。

步骤 01 ❶在剪映手机版中导入并选择1段人物视频素材；❷拖曳时间线至合适的位置；❸依次点击“编辑”和“调整大小”按钮，如图5-50所示。

步骤 02 在“裁剪比例”选项区域选择1.85：1选项，裁剪视频画面，如图5-51所示。

步骤 03 ❶选择视频素材；❷点击“音频分离”按钮，如图5-52所示，将视频的声音分离出来。

图5-50　点击“调整大小”按钮

图5-51　选择1.85：1选项

步骤 04 ❶再次选择视频素材；❷拖曳时间线至合适的位置；❸点击“定格”按钮，如图5-53所示，生成定格片段，调整其结束的位置，使其与音频素材的结束位置对齐。

步骤 05 ❶选择定格片段后面的视频素材；❷点击“删除”按钮，如图5-54所示，将多余的视频素材删除。

图5-52　点击“音频分离”按钮

图5-53　点击“定格”按钮

图5-54　点击“删除”按钮

步骤 06 ❶选择定格片段；❷依次点击“抠像”和“智能抠像”按钮，如图5-55所示，稍等片刻，即可将视频中的人物抠选出来。

步骤 07 返回一级工具栏，点击“背景”按钮，在二级工具栏中，点击“画布样式”按钮，如图5-56所示。

步骤 08 进入相应的界面，❶选择一个画布样式，改变定格画面的背景样式；❷调整人像的位置，如图5-57所示。

步骤 09 返回一级工具栏，在下方的工具栏中依次点击“文本”和“新建文本”按钮，如图5-58所示。

图 5-55　点击“智能抠像”按钮

图 5-56　点击“画布样式”按钮

步骤 10 输入文字内容，如图5-59所示，为视频添加文字。

图 5-57　选择一个画布样式

图 5-58　点击“新建文本”按钮

图 5-59　输入文字内容

步骤 11 ❶切换至“样式”选项卡；❷选择一个合适的预设样式；❸在预览区域调整文字的大小和位置，如图5-60所示。

步骤 12 ❶切换至“动画”选项卡；❷在“入场”选项卡中选择“打字机Ⅱ”入场动画；❸拖曳滑块至2.0s，设置动画时长，如图5-61所示，点击✓按钮。

步骤 13 调整文本时长与定格片段的时长一致，如图5-62所示。

步骤 14 返回一级工具栏，在定格片段的起始位置，依次点击“音频”和“音效”按钮，即可进入音效素材库，❶切换至“乐器”选项卡；❷点击相应音效右侧的“使用”按钮，如图5-63所示，即可为视频添加一段音效。

步骤 15 在音效素材结束的位置，❶选择定格片段；❷点击“分割”按钮，分割出多余的定格片段；❸点击“删除”按钮，如图5-64所示，将其删除。用同样的方法，分割并删除多余的音频片段。

图 5-60　调整文字的大小和位置

图 5-61　拖曳滑块至 2.0s

图 5-62　调整文本时长

图 5-63　点击相应的按钮

图 5-64　点击“删除”按钮

5.3.2　方式2：穿越手机换景

扫码看教学视频

【效果展示】：运用“色度抠图”功能可以套用很多素材，比如穿越手机素材，可以在镜头慢慢推近手机屏幕后，进入全屏状态穿越至手机中的世界，效果如图5-65所示。

图 5-65　效果展示

下面介绍在剪映手机版中制作穿越手机换景效果的操作方法。

步骤 01 在剪映手机版中，导入1段绿幕素材和1段背景素材，将绿幕素材切换至画中画轨道，如图5-66所示。

步骤 02 依次点击“抠像”和“色度抠图”按钮，进入其界面，在预览区域拖曳取色器，取样画面中的绿色，如图5-67所示。

步骤 03 ❶选择“强度”选项；❷拖曳滑块，设置其参数为35，如图5-68所示，提高抠图强度。

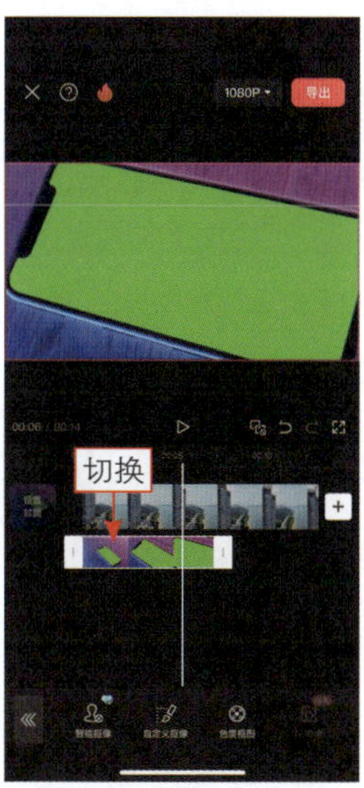

图 5-66　将绿幕素材切换至画中画轨道

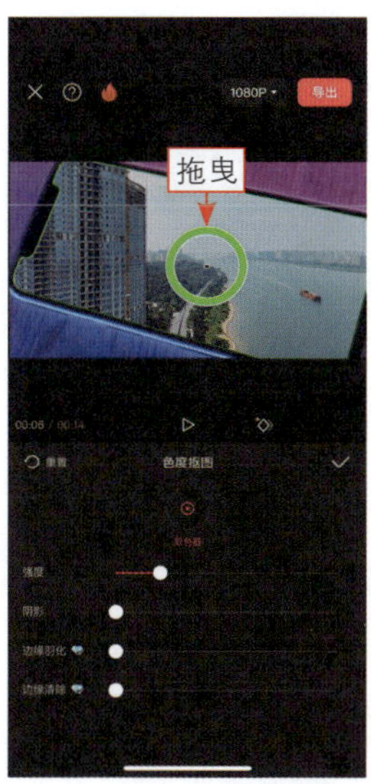

图 5-67　取样画面中的绿色

图 5-68　设置“强度”参数

步骤 04 用与上面相同的方法，设置“阴影”参数为100，如图5-69所示，去除绿幕素材中的阴影部分，优化抠图效果。

步骤 05 完成抠图后，即可查看视频效果，如图5-70所示，完成穿越手机换景的效果。

图 5-69　设置“阴影”参数

图 5-70　查看效果

5.4　变速的两种方法

掌握抠图技巧后，本节将介绍变速的设置方法，这是增强视频节奏感和动态效果的关键，包括自动变速和快速的场景切换。这些技巧将帮助用户在讲述故事时更加灵活地控制时间感，为观众带来更加丰富的视觉体验。

5.4.1　方法1：自动变速效果

扫码看教学视频

【效果展示】：在一段视频中，用户可以运用“曲线变速”功能调整视频不同位置的播放速度，从而制作出有快慢变化的坡度变速效果，效果如图5-71所示。

图 5-71　效果展示

下面介绍在剪映手机版中制作自动变速效果的操作方法。

步骤01 在剪映手机版中导入1段视频素材，❶点击“关闭原声”按钮，关闭视频的原声；❷选择视频素材；❸点击“变速”按钮，如图5-72所示，进入二级工具栏。

步骤02 点击“曲线变速”按钮，进入“曲线变速”面板，选择“子弹时间”选项，如图5-73所示，为视频添加子弹时间变速效果。

步骤03 点击“导出”按钮，如图5-74所示，导出视频。

图 5-72　点击“变速”按钮

图 5-73　选择“子弹时间”选项

图 5-74　点击“导出”按钮

5.4.2　方法2：极速切换场景

扫码看教学视频

【效果展示】：通过应用“曲线变速”功能中的“闪出”效果，可以实现视频画面的快速切换，让视频能够迅速而平滑地跳转到下一个场景，效果如图5-75所示。

图 5-75　效果展示

下面介绍在剪映手机版中制作极速切换场景效果的操作方法。

步骤 01 在剪映手机版中导入两段视频素材，如图5-76所示。

步骤 02 ❶选择第1段素材；❷依次点击“变速”和“曲线变速”按钮，如图5-77所示。

步骤 03 ❶在“曲线变速”面板中选择“闪出”选项；❷点击按钮，如图5-78所示。

图 5-76　导入两段视频素材

图 5-77　点击“曲线变速”按钮

图 5-78　点击按钮

步骤 04 弹出“闪出”编辑面板，将第3个和第4个变速点拖曳至第1条线上，调整其位置，如图5-79所示，加快第1段视频素材后半段的播放速度。

步骤 05 点击按钮，退出“闪出”编辑面板，❶拖曳时间线至第2段素材的位置；❷选择“闪出”选项；❸点击按钮，如图5-80所示。

步骤 06 在“闪出”编辑面板中将第1个和第2个变速点拖曳至第1条线上，调整其位置，如图5-81所示，让视频的切换更顺滑。

步骤 07 返回一级工具栏，在视频起始位置，❶点击“关闭原声”按钮；❷依次点击“音频”和“音乐”按钮，如图5-82所示，进入“音乐”界面。

步骤 08 选择“卡点”选项，进入“卡点”界面，点击所选音乐右侧的“使用”按钮，如图5-83所示，将音乐添加到轨道中。

步骤 09 调整音乐的时长，如图5-84所示。

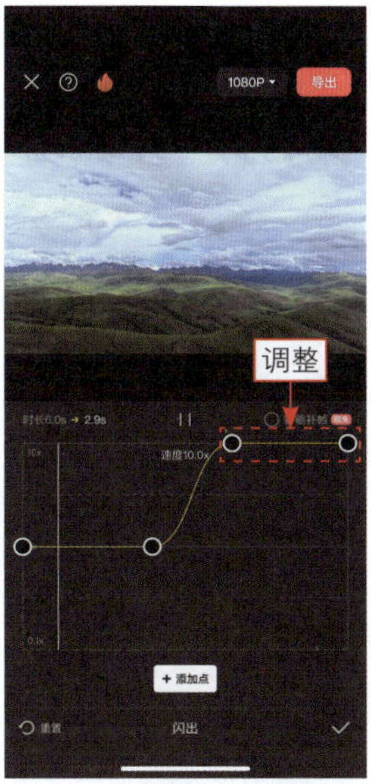

图 5-79　调整变速点的位置

图 5-80　点击 按钮

图 5-81　调整变速点的位置

图 5-82　点击“音乐”按钮

图 5-83　点击“使用”按钮

图 5-84　调整音乐的时长

本章小结

本章首先介绍了在剪映中使用蒙版的技巧，包括划屏调色对比和文字分割文字；接着讲解了关键帧的用法，如歌词逐句显示和三屏合一片头；然后介绍了抠图的多种应用，如出场人物介绍和穿越手机换景；最后介绍了变速效果的实现方法，包括自动变速和极速切换场景。

课后实训

扫码看教学视频

以下是精心设计的课后实训项目，旨在通过实践加深读者对知识点的理解和记忆。请认真参与每项练习，以实现知识的内化和应用。

【实训任务】：“节拍”是剪映手机版中一个可以一键标出节拍点的功能，能够帮助用户快速制作出卡点视频。请运用剪映手机版制作自动节拍卡点视频，效果如图5-85所示。

图 5-85　效果展示

下面介绍在剪映手机版中制作自动节拍卡点视频的操作方法。

步骤 01 ❶在剪映手机版中导入9张照片；❷添加相应的背景音乐，如图5-86所示，为视频添加音乐。

步骤 02 ❶选择音频素材；❷点击“节拍”按钮，如图5-87所示。

步骤 03 进入“节拍”面板，点击“自动踩点”按钮，如图5-88所示。

步骤 04 执行操作后，即可在音乐鼓点的位置生成对应的节拍点，如图5-89所示，点击按钮，退出“节拍”面板。

步骤 05 拖曳第1张照片右侧的白色拉杆，使其与音频上的第3个节拍点对齐，调整其时长，如图5-90所示。

步骤 06 用同样的方法，调整另外8张照片的时长，使其与相应的节拍点对齐，如图5-91所示，并删除多余的音频。

图 5-86 添加背景音乐

图 5-87 点击“节拍”按钮

图 5-88 点击“自动踩点”按钮

图 5-89 生成对应的节拍点

图 5-90 调整第 1 张照片时长

图 5-91 调整其他照片的时长

步骤 07 ❶拖曳时间线至起始位置；❷点击“特效”按钮，如图5-92所示。

步骤 08 点击“画面特效”按钮，进入特效素材库，❶切换至“金粉”选项卡；❷选择“粉色闪粉”特效，如图5-93所示。

步骤 09 点击☑按钮，调整特效时长，使其与第1张照片的时长一致，如图5-94所示。

图 5-92　点击“特效”按钮

图 5-93　选择“粉色闪粉”特效

图 5-94　调整特效时长

步骤 10 执行操作后，为其他8张照片添加相同的特效，❶选择第1张照片；❷点击“动画”按钮，如图5-95所示。

步骤 11 在“入场动画”选项卡中，选择“雨刷”动画，如图5-96所示，用相同的方法，为其他照片添加“雨刷”动画。

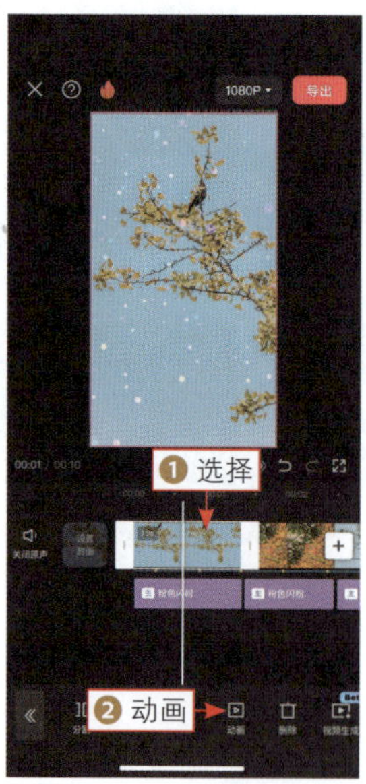

图 5-95　点击“动画”按钮

图 5-96　选择“雨刷”动画

第6章　电脑版的综合案例

本章将通过一个综合案例，对剪映电脑版的视频剪辑功能进行详细介绍。从效果欣赏到制作过程，每一步骤都详细解析，包括AI文案生成、音频与视频素材的制作与编辑，字幕、动画和转场效果的添加，直至最终导出成品视频，让用户全面掌握剪映电脑版的高级应用。

6.1 《星城风光》效果欣赏

【效果展示】：本案例的主题是介绍长沙各地的风景，用户根据文案内容，使用“文生视频”功能生成相应的画面，就能在剪映中再次进行加工，制作出动态的视频，效果如图6-1所示。

图 6-1　效果展示

6.2 《星城风光》制作过程

本节主要介绍剪映电脑版综合案例《星城风光》的制作过程，包括生成AI文案、设置配音音色、生成视频素材、替换视频素材、编辑字幕效果、添加动画效果和添加转场效果的操作方法。

6.2.1 生成AI文案

扫码看教学视频

在剪映电脑版中，对于使用“图文成片”功能生成的文案，可以进行复制与更改。如果用户对生成的文案不满意，也可以重新生成，直到生成满意的文案为止。

下面介绍在剪映电脑版中生成AI文案的操作方法。

步骤 01 进入剪映电脑版首页，单击“图文成片”按钮，如图6-2所示。

步骤 02 弹出“图文成片”面板，单击“自由编辑文案”按钮，如图6-3所示。

图 6-2　单击“图文成片”按钮

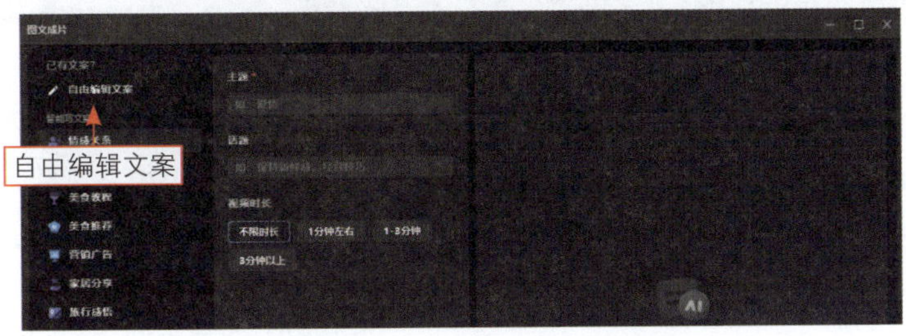

图 6-3　单击“自由编辑文案”按钮

步骤 03 单击“智能写文案”按钮，如图6-4所示。

步骤 04 默认选中“自定义输入”单选按钮，❶输入“写一篇关于介绍长沙风景的文案，200字”；❷单击 ➔ 按钮，如图6-5所示。

图 6-4　单击“智能写文案”按钮

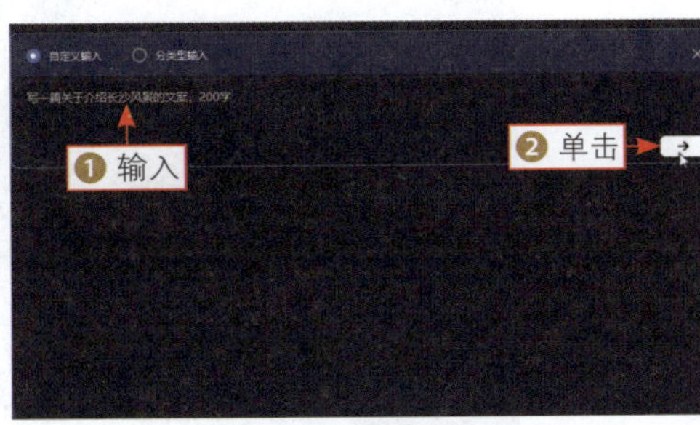

图 6-5　单击 ➔ 按钮

步骤 05 稍等片刻，即可生成文案，单击“确认”按钮，如图6-6所示，将文案填入文本框中。由于剪映每次生成的文案都不同，用户在操作的时候，生成的文案可能与下图的文案内容有区别，大家可以根据实际情况进行调整，制作思路是相同的。

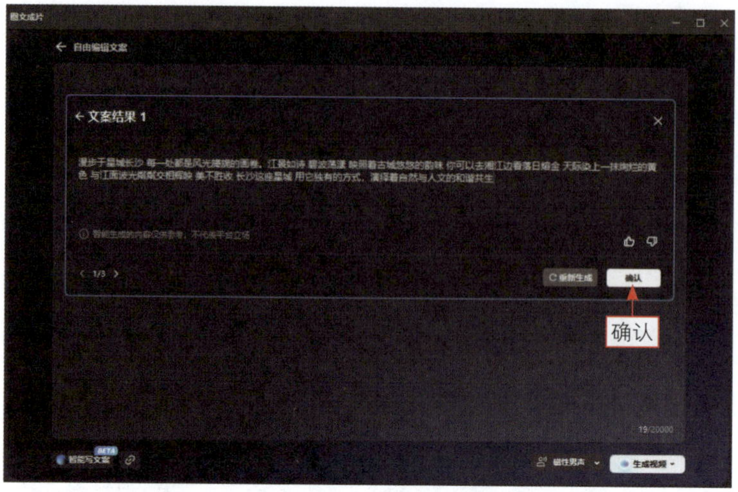

图 6-6　单击“确认”按钮

6.2.2　设置配音音色

扫码看教学视频

在生成视频的时候，用户可以设置配音音频的朗读人声，在宣传视频中，可以选择一些感情充沛的朗读人声进行设置。

下面介绍在剪映电脑版中设置配音音色的操作方法。

步骤 01 单击配音音色右侧的展开按钮，如图6-7所示。

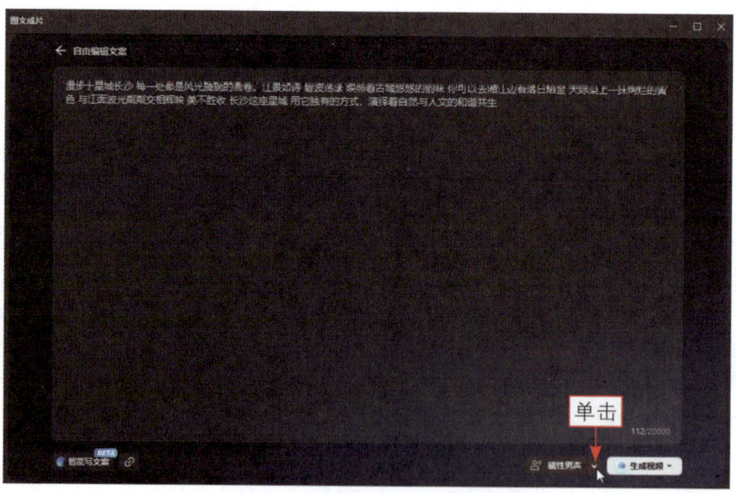

图 6-7　单击相应的按钮

步骤 02 在弹出的面板中选择“甜美解说”选项，如图6-8所示，更改朗读人声。

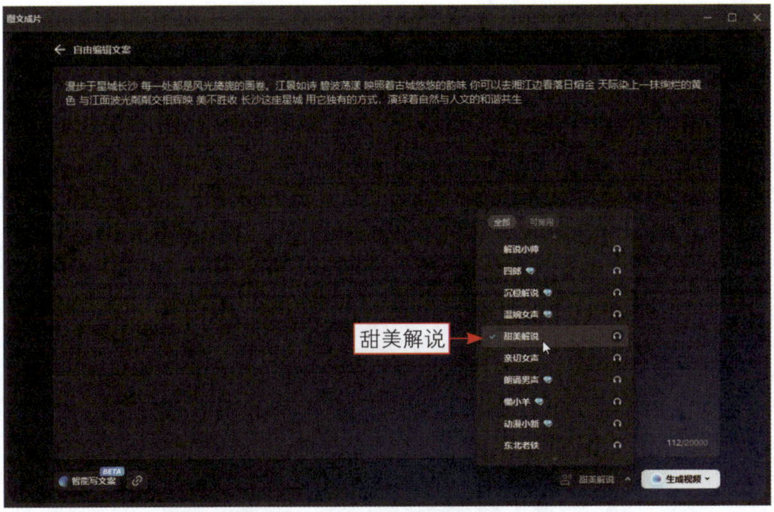

图 6-8　选择“甜美解说”选项

6.2.3　生成视频素材

扫码看教学视频

“智能匹配素材”功能通过简化视频编辑流程，帮助用户更高效地制作出高质量的视频内容，同时提供个性化和创意化的编辑体验。

下面介绍在剪映电脑版中生成视频素材的操作方法。

步骤 01 ❶单击“生成视频”按钮；❷在弹出的“请选择成片方式”列表中，选择“智能匹配素材”选项，如图6-9所示。

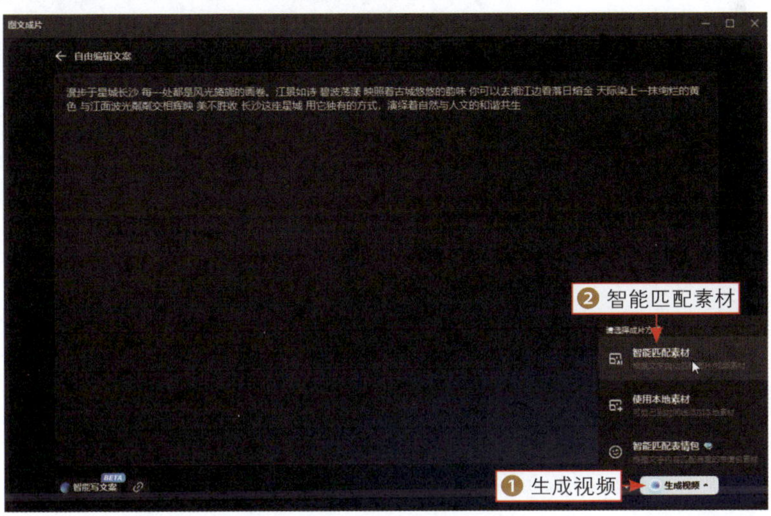

图 6-9　选择“智能匹配素材”选项

步骤 02 弹出视频生成进度提示，如图6-10所示。

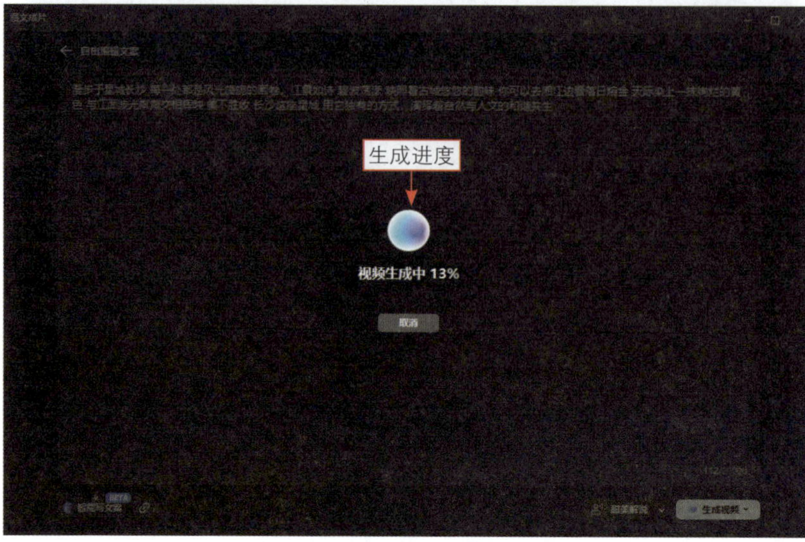

图 6-10　弹出视频生成进度提示

步骤 03 稍等片刻，即可生成视频，如图6-11所示。

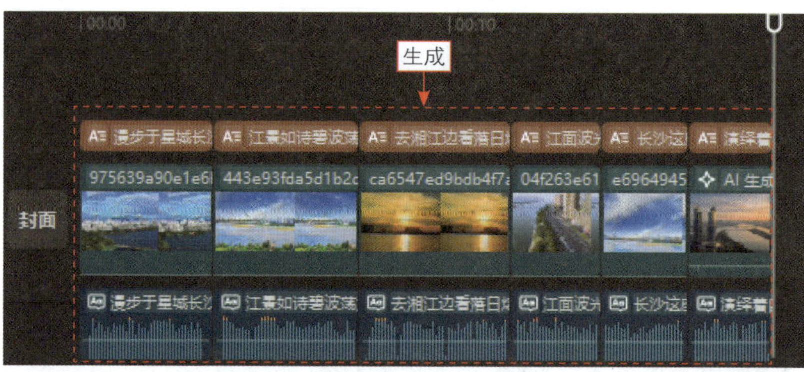

图 6-11　生成视频

6.2.4　替换视频素材

为了让视频画面与文字更加匹配，可以替换部分素材，并进行编辑处理，让画面更好看，从而实现音画和谐统一。

扫码看教学视频

下面介绍在剪映电脑版中替换视频素材的操作方法。

步骤 01 进入“媒体”功能区，在“素材”功能区中单击“导入”按钮，如图6-12所示。

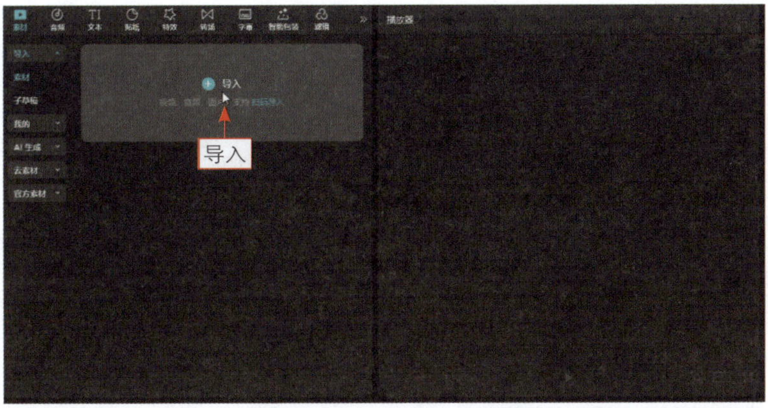

图 6-12　单击“导入”按钮

步骤 02 弹出“请选择媒体资源”对话框，在相应的文件夹中，❶按【Ctrl+A】组合键全选所有的素材；❷单击“打开”按钮，如图6-13所示，导入素材。

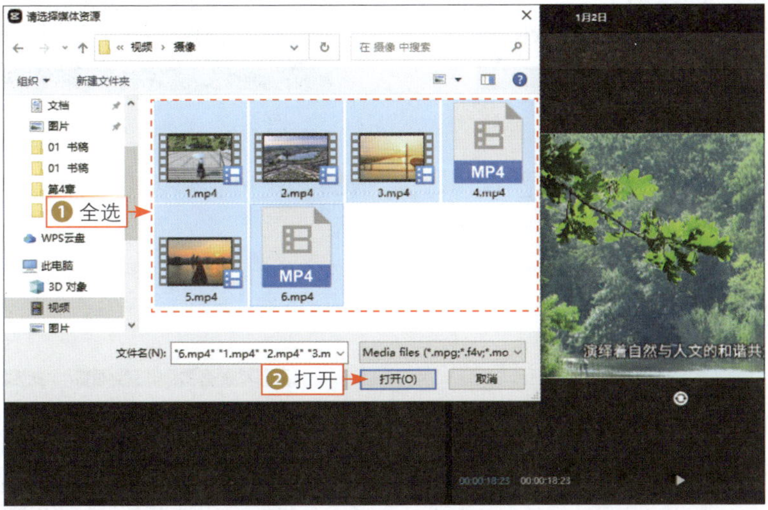

图 6-13　单击“打开”按钮

步骤 03 在“本地”选项卡中，选择序号1素材，如图6-14所示。

步骤 04 将序号1素材拖曳至第1段素材的上方，如图6-15所示，并释放鼠标。

步骤 05 弹出“替换”对话框，预览所选片段，单击“替换片段”按钮，如图6-16所示，替换素材。

步骤 06 下面用第2段素材介绍另外一种替换方法，在第2段素材上单击鼠标右键，在弹出的快捷菜单中选择“替换片段”命令，如图6-17所示。

图 6-14　选择序号 1 素材

图 6-15　拖曳至第 1 段素材的上方

图 6-16　单击“替换片段”按钮

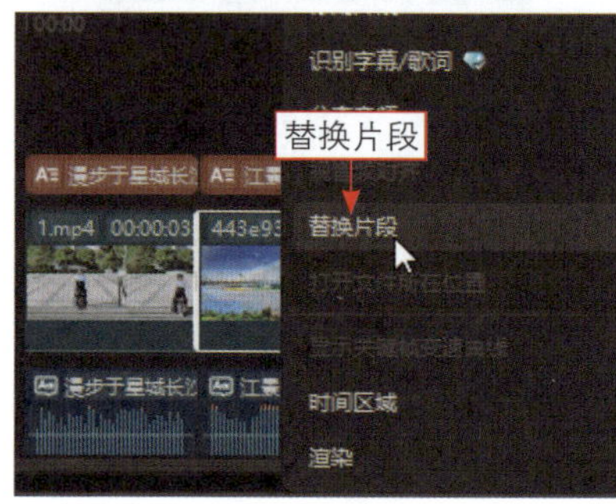

图 6-17　选择“替换片段”命令

步骤 07 弹出“请选择媒体资源”对话框，在相应的文件夹中，❶选择序号2素材；❷单击“打开”按钮，如图6-18所示。

步骤 08 弹出“替换”对话框，预览所选片段，单击“替换片段”按钮，如图6-19所示，替换素材。

图 6-18　单击“打开”按钮

图 6-19　单击“替换片段”按钮

步骤 09 通过上述替换素材的方法，为剩下的素材替换“导入”选项卡中的视频素材，如图6-20所示。如果觉得视频过长或者不喜欢，可以单击“分割”按钮▮，分割视频和音频，再单击“删除”按钮▮，删除多余的音频和视频。

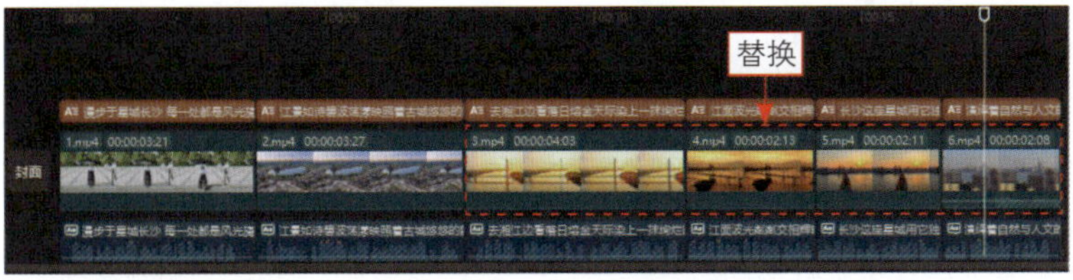

图 6-20　替换视频素材

6.2.5　编辑字幕效果

扫码看教学视频

编辑字幕效果是视频制作中的重要环节，能够提升视频的可访问性、专业性和观赏性，通过字幕的风格和内容，展现用户的个性和创意。

下面介绍在剪映电脑版中编辑字幕效果的操作方法。

步骤 01 选择第1段文字素材，在“文本”操作区中，❶设置“字体”为“黑体”，更改文字字体；❷设置“字号”参数为7，稍微放大视频的文字，如图6-21所示。

图 6-21　设置“字号”参数

步骤 02 更改第一段文字之后，剪映会自动调整剩下的文字，如图6-22所示。

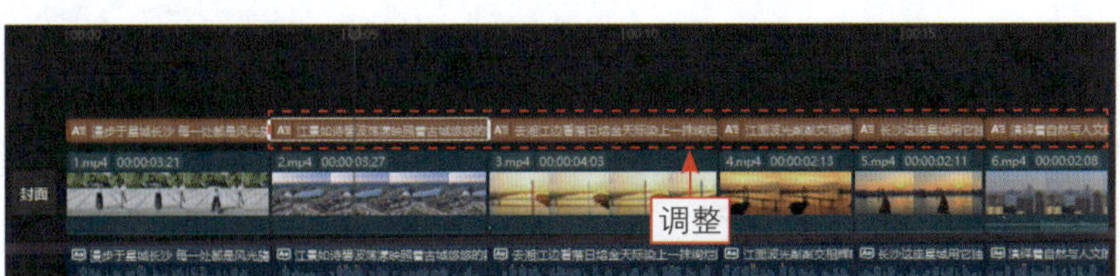

图 6-22　自动调整剩下的文字

6.2.6 添加动画效果

动画效果是视频剪辑中的重要元素，能够显著提升视频的观赏性和表现力，正确使用动画效果，可以使视频更具吸引力和影响力。

扫码看教学视频

下面介绍在剪映电脑版中添加动画效果的操作方法。

步骤 01 选择第1段素材，如图6-23所示。

图 6-23 选择第 1 段素材

步骤 02 ❶单击“动画”按钮，切换至“动画”操作区；❷在“入场”选项卡中选择“向右甩入”选项；❸设置“动画时长”参数为1.5s，如图6-24所示。用同样的方法为剩下的素材添加合适的动画效果，并设置相应的“动画时长”参数。

图 6-24 设置“动画时长”参数

6.2.7　添加转场效果

扫码看教学视频

转场是视频剪辑的基本工具之一，它们不仅增强了视频的观赏性，还帮助视频内容更加完整和专业。正确使用转场，可以使视频更具吸引力和表现力。

下面介绍在剪映电脑版中添加转场效果的操作方法。

步骤 01 拖曳时间线至第1段素材与第2段素材之间的位置，如图6-25所示。

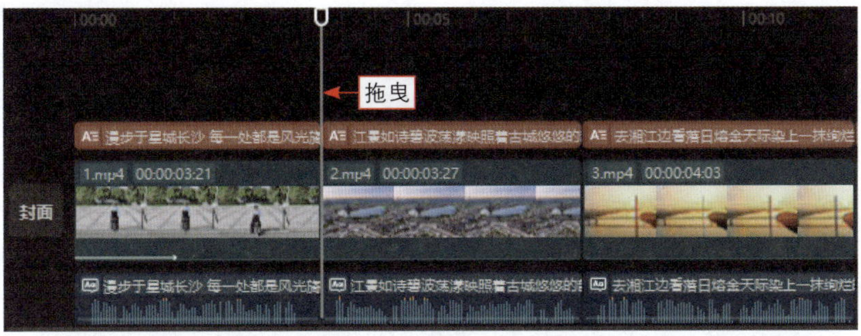

图 6-25　拖曳时间线至第 1 段素材与第 2 段素材之间的位置

步骤 02 ❶单击“转场”按钮，切换至“转场”功能区；❷切换至“转场效果”|“叠化”选项卡；❸单击“叠化”转场右下角的“添加到轨道”按钮，如图6-26所示，添加转场。

步骤 03 在“转场”操作区中单击“应用全部”按钮，把转场效果应用到所有的片段之间，如图6-27所示，单击“导出”按钮，即可导出视频。至此，《星城风光》的制作已完成。

图 6-26　单击“添加到轨道”按钮

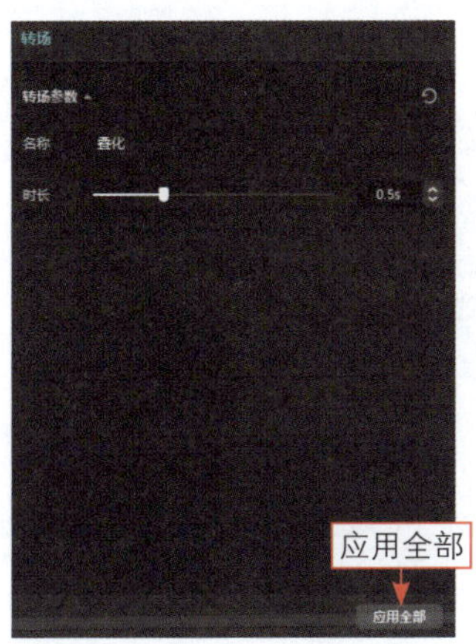

图 6-27　单击“应用全部”按钮

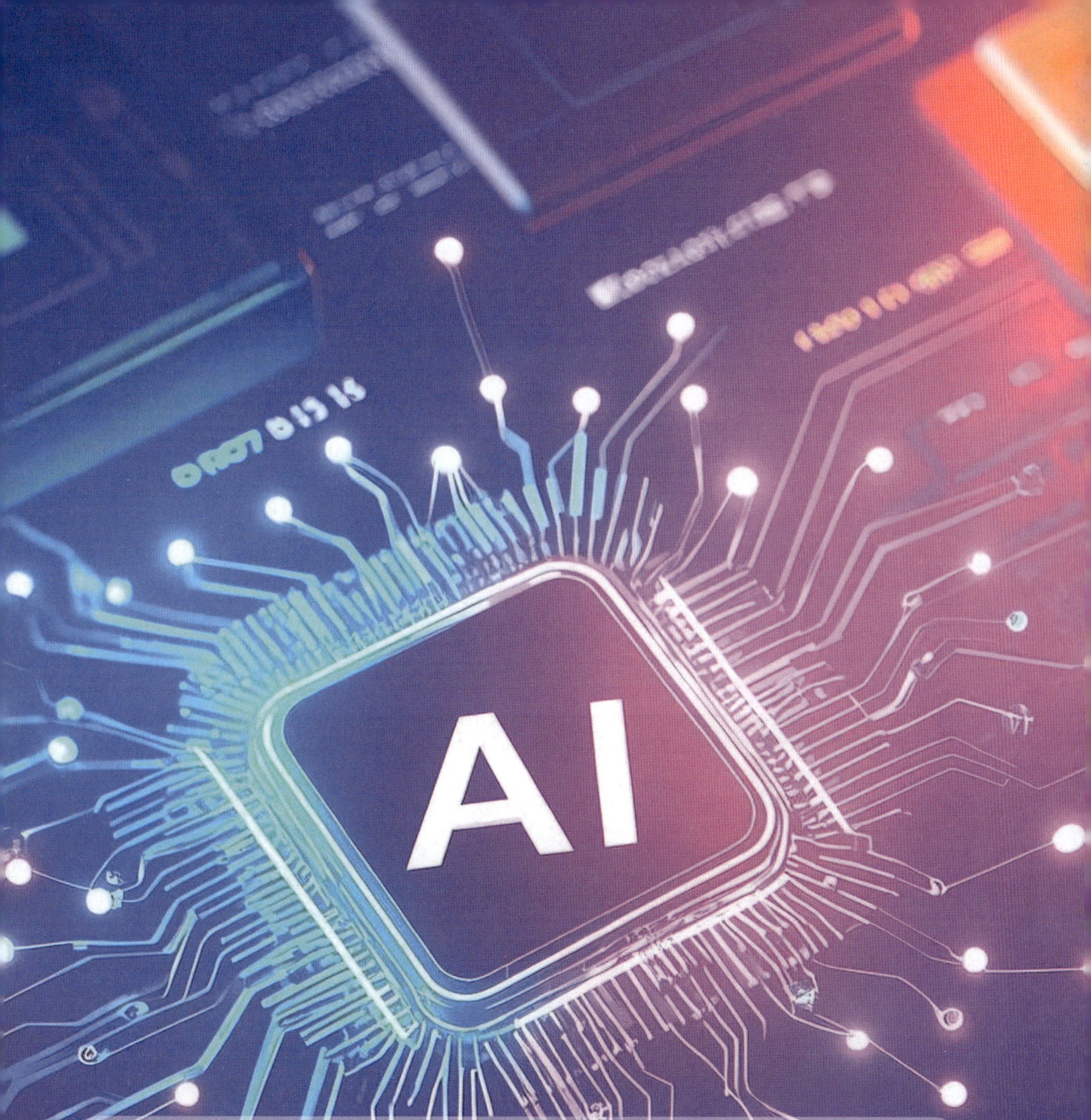

【即梦 AI 篇】

第7章 即梦AI入门

即梦AI是由剪映团队精心打造的一站式AI创作平台。用户如果想体验即梦AI强大的创作能力，可以先了解即梦AI的基础知识，再掌握登录与注册平台的方法，并认识即梦AI网页版和手机版的操作界面与功能，让后续的AI创作之路更通顺。

7.1 即梦 AI：创作新软件

即梦AI，由字节跳动旗下剪映团队推出的AI创作工具，旨在助力人们进行图片与视频创作。本节将介绍即梦AI的简介与定位，以及其历史与发展，让用户快速了解这款工具的核心功能。

7.1.1 初识即梦AI：简介与定位

扫码看教学视频

即梦AI，一站式创意赋能平台，以人工智能为核心，专注于降低创作门槛，激发无限灵感。通过自然语言处理与先进的图像生成技术，即梦AI支持从文到图、从概念到视频的全方位创作。无论是超现实场景构建，还是个性化视频生成，即梦AI都能轻松实现。平台定位服务于广大创意工作者及爱好者，旨在通过AI技术，让每个人都能轻松表达创意，享受创作的乐趣，推动创意产业发展，其首页如图7-1所示。

图 7-1 即梦 AI 首页

7.1.2 了解即梦AI：历史与发展

扫码看教学视频

即梦AI是一个AI图片与视频创作平台，字节跳动公司宣布开放内测的时间是2024年3月，该平台主要利用先进的人工智能技术，帮助用户将创意和想法转化为视觉作品，包括图片和视频。2024年6月，Dreamina更名为“即梦AI”，这一变更标志着品牌在本地化和品牌识别度上的进一步提升。

即梦AI宣布其AI作图和AI视频生成功能已全量上线，意味着用户可以更全面地体验到该平台提供的各项服务。图7-2所示为即梦AI的“图片生成”页面，此外还有视频生成、智能画布和故事创作页面。

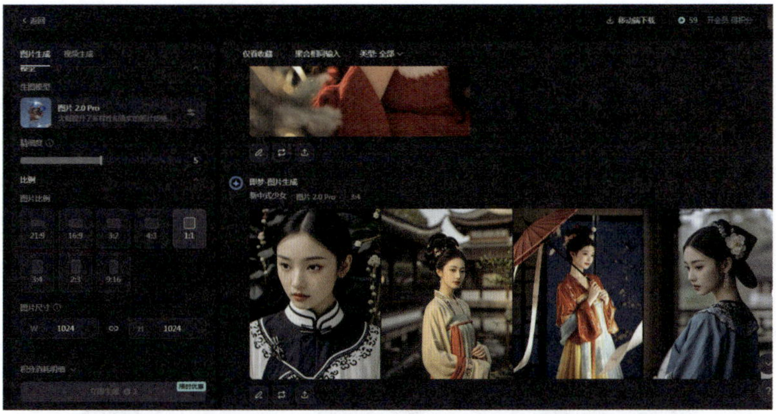

图 7-2　即梦 AI 的“图片生成”页面

尽管即梦AI的AI视频生成技术相较于AI图片兴起的时间较短，但即梦AI在这一领域的发展迅速。虽然即梦AI与一些先驱产品如Sora相比可能还有差距，但已经展现出了不俗的潜力和效果。

根据用户反馈和媒体报道，即梦AI在提供便捷的AI创作体验方面得到了一定的认可，尽管在某些细节处理上还有提升空间，如人体动作的模拟、面部表情的细腻度等，但随着技术的不断进步和应用场景的不断拓展，即梦AI的功能和应用场景也将不断扩展和完善，这意味着即梦AI的未来充满了无限可能和潜力。

即梦AI背后的技术实力不容小觑，它依托于字节跳动的技术背景，拥有资深的AI技术团队支持，致力于将AI技术应用于内容创作领域，推动创意产业的发展。随着产品的迭代优化和市场推广，即梦AI开发团队有望在未来取得更大的成功，成为AI创作领域的重要玩家。

7.2　即梦 AI 的登录与注册

即梦AI不仅是一个名字，它还代表了一个创新的概念，一种将艺术创作与人工智能技术结合的全新尝试。在这里，艺术不再受限于传统的界限，想象力和科技的结合让创作变得更加多元和自由。

本节将为大家揭开即梦AI的神秘面纱，介绍其登录方法、功能界面等基础知识，帮助大家学会利用AI的力量将自己的创意转化为视觉艺术作品。无论是艺术家、设计师，还是对AI艺术充满好奇的探索者，即梦AI都将为你提供一个展示创意的舞台。

7.2.1 登录即梦AI网页版

扫码看教学视频

下面主要介绍登录即梦AI网页版的操作方法，让用户迅速进入即梦AI的艺术创作空间，探索即梦AI带来的无限创意和便捷体验。

步骤 01 进入即梦AI的登录页面，❶选中相应的复选框；❷单击“登录”按钮，如图7-3所示。

图 7-3 单击“登录”按钮

步骤 02 执行操作后，弹出“抖音授权登录”页面，如图7-4所示，用户可以选择扫码授权或验证码授权（即通过手机验证码授权登录）。

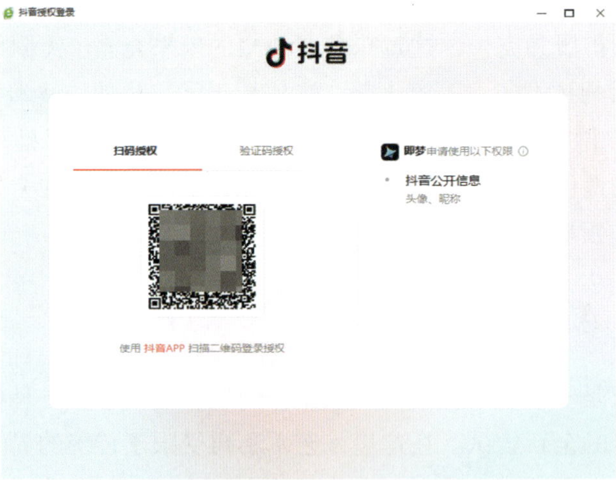

图 7-4 弹出“抖音授权登录”页面

步骤 03 以扫码授权为例，在手机上打开抖音App，进入“首页”界面，❶点击左上角的☰按钮；❷在弹出的侧边栏中点击“扫一扫”按钮⊟，进入扫码界面，如图7-5所示，对准“抖音授权登录”页面中的二维码进行扫描后，会进入“抖音授权”界面，选择相应的头像/昵称，点击“同意授权”按钮，即可完成授权。

图 7-5　进入扫码界面

步骤 04 执行操作后，即可在网页端自动登录抖音账号，同时即梦AI平台右上角会显示用户的剪映头像，如图7-6所示。

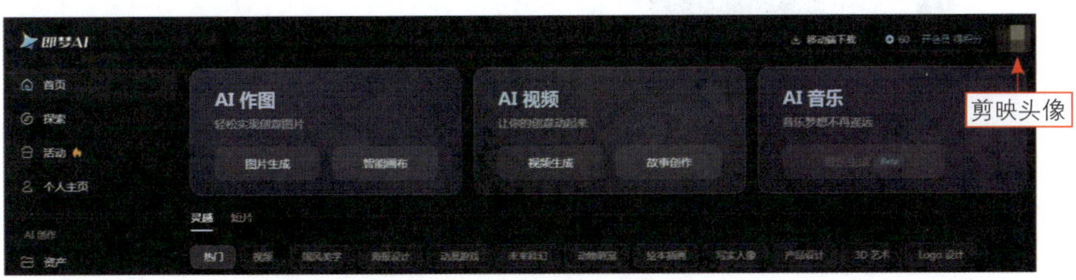

图 7-6　显示用户的剪映头像

步骤 05 ❶单击剪映头像；❷在弹出的列表中选择“退出”选项，如图7-7所示，即可退出账号的登录状态。

图 7-7　选择“退出”选项

7.2.2　登录即梦AI手机版

扫码看教学视频

下面主要介绍登录即梦AI手机版的操作方法，让用户迅速进入即梦AI的艺术创作空间，探索即梦AI带来的无限创意和便捷体验。

步骤 01 进入即梦AI App的登录界面，❶选中“已阅读并同意用户协议和隐私政策”复选框；❷点击“通过抖音登录”按钮，如图7-8所示。

步骤 02 进入抖音授权界面，点击“同意授权”按钮，如图7-9所示，即可完成登录，返回即梦AI App的“灵感”界面。

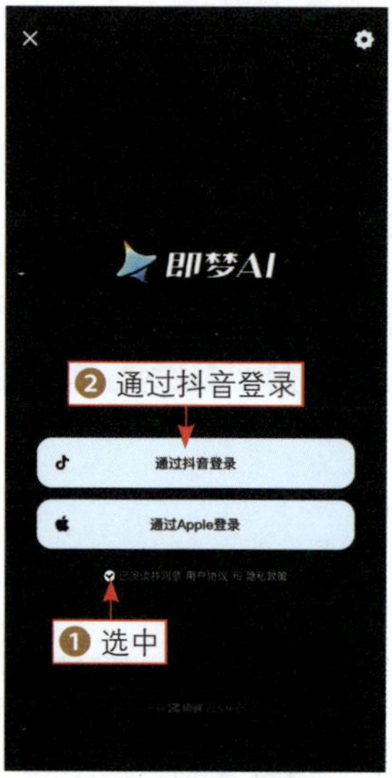

图 7-8　点击相应的按钮

图 7-9　点击“同意授权”按钮

7.2.3　即梦AI的功能界面

即梦AI界面简洁且功能强大，它涵盖了图片生成、智能画布、视频制作和故事创作等多个方面。此外，即梦AI还提供了辅助功能，如参数设置、模板提示、高清化、局部重绘和扩图等。这些功能进一步增强了用户的创作体验，使得整个创作过程更加流畅和高效，这个一站式创作平台简化了人们的创作流程，让人们更轻松地释放创意。

下面详细介绍即梦AI网页版和手机版界面的主要功能。

7.2.3.1　网页版的页面与功能

扫码看教学视频

在使用即梦AI进行AI创作之前，还需要掌握即梦AI页面中的各功能模块，认识相应的操作功能，可以使AI创作更加高效。在即梦

AI页面中，包括“常用功能”“AI作图”“AI视频”等板块，还有社区作品欣赏区域，如图7-10所示。

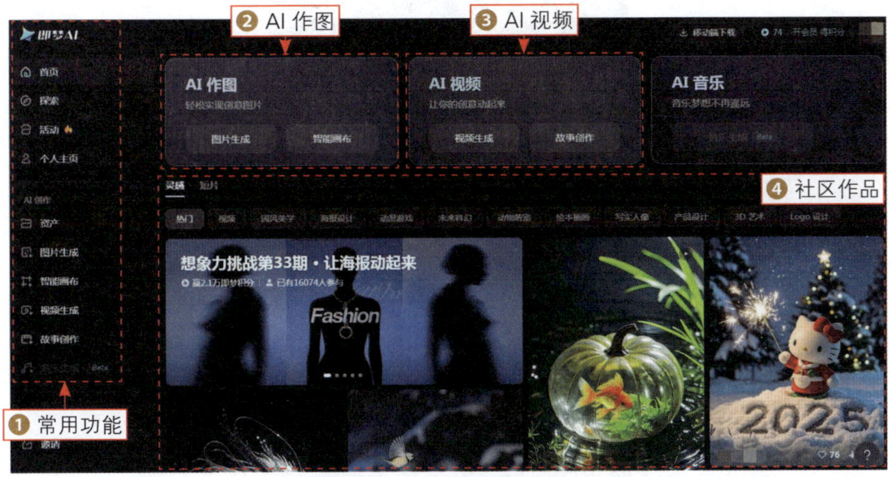

图 7-10　认识即梦 AI 页面

下面对即梦AI页面中的各主要功能进行相关讲解。

❶ 常用功能：在该列表中，包括“探索”“活动”“图片生成”“智能画布”“视频生成”“故事创作”等常用功能，选择相应的选项，即可跳转到对应的页面。

❷ AI作图：在该选项区域，包括“图片生成”与“智能画布”两个按钮，单击相应的按钮，可以生成和编辑AI绘画作品。

❸ AI视频：在该选项区域，包括“视频生成”与“故事创作”两个按钮，单击相应的按钮，可以生成和编辑AI视频作品。

❹ 社区作品：在该区域中，包括“灵感”和“短片”两个选项卡，其中展示了其他用户创作和分享的AI作品，单击相应的作品可以放大预览。

7.2.3.2　手机版的界面与功能

即梦AI App的界面布局直观、明了，功能模块划分和细节设计都很合理，注重用户体验和创作效率。

扫码看教学视频

下面对即梦AI App界面中的各主要功能模块进行相关讲解，如图7-11所示。

❶ 上传图片：点击按钮，可以通过上传图片的形式，来生成图片或视频。

❷ 输入框：这是与AI进行互动的主要功能区域，点击输入框，用户可以在其中输入提示词。

图 7-11　即梦 AI App 主界面

③ 灵感标签：点击“灵感”按钮，即可切换至“灵感”界面，用户可以在此选择喜欢的图片或视频做同款；还可以点击界面右上角的“活动”按钮，参与活动；点击按钮，即可进入“消息中心”界面，查看消息。

④ 我的资产：点击按钮，即可进入“我的资产”界面，用户可以对即梦AI App生成的图片和视频进行查阅与管理，包括收藏、编辑、发布、下载和删除等。

⑤ 内容按钮：点击按钮，即可分别查看AI生成的“全部内容”“图片内容”“视频内容”。

⑥ 设置按钮：点击按钮，即可进行生成内容的设置，包括图片模型和比例的选择，以及视频生成时长、运镜方式。

⑦ 发送按钮：在输入框中输入描述词，点击按钮，发送描述词，即可获得相应的图片或视频。

⑧ 个人中心：点击该按钮，即可进入个人中心，用户可以在此编辑资料、查看发布动态，以及进行各项设置。

本章小结

本章首先介绍了即梦AI的基本概念和定位，接着探讨了其历史背景和发展过程；随后介绍了即梦AI的登录与注册流程，包括网页版和手机版的操作步骤；最后对即梦AI的功能界面进行了全面介绍，为读者提供了一个清晰的操作指引。

课后习题

扫码看教学视频

以下是精心设计的课后习题项目，旨在通过习题加深读者对知识点的理解和记忆。请认真参与每项练习，以实现知识的内化和应用。

1. 即梦AI是什么？

答：一站式AIGC内容专业创作平台。

2. 即梦AI的作用是什么？

答：有助于用户实现创意梦想。

第8章　AI文生图

本章将介绍在探索AI文生图的过程中，如何将文字描述转化为令人赞叹的图像艺术。从输入描述词到生成图像，再到高阶技巧的运用，本章将深入介绍如何精确引导AI创作出符合预期的图像，包括主体和场景。这不仅是技术的展示，更是艺术与科技的完美融合。

8.1 从文字描述到生成图片

即梦AI强大的图像生成能力让许多人对这个领域充满无限遐想，特别是文生图功能，用户仅需输入简洁的文本描述，即可快速生成栩栩如生、富有表现力的图像，极大地简化了创作流程。这种将创意文本转化为视觉艺术的能力，不仅提高了创作效率，也为艺术家和设计师们开辟了新的表现空间，让创意实现变得更加轻松和直接。

本节将详细解析从文字描述到生成图片的全过程，包括输入描述词生成图像、设置AI生图模型、设置图像的比例尺寸、再次生成新的图像，以及重新编辑生成参数等，以创作出令人满意的图像。让我们一起开启这段视觉与文字交织的旅程。

8.1.1 输入描述词生成图像

【效果展示】：文生图是即梦AI“图片生成”功能中的一种绘图模式，这个功能可以通过选择不同的模型、填写描述词（通常称为提示词）和设置参数来生成用户想要的图像，效果如图8-1所示。

扫码看教学视频

图 8-1 效果展示

下面介绍输入描述词生成图像的操作方法。

步骤 01 进入即梦AI App，在“想象”选项区域，点击“图片生成”按钮，如图8-2所示。

步骤 02 弹出相应的面板，在下方的输入框中输入相应的描述词，如图8-3所示。

步骤 03 点击“生成”按钮，即可生成4张图片，如图8-4所示，点击相应的图片，可以查看大图效果。

图 8-2　点击“图片生成”按钮

图 8-3　输入相应的描述词

图 8-4　生成 4 张图片

8.1.2　设置AI生图模型

扫码看教学视频

【效果展示】：在“图片生成”功能中，精细度是一个关键的生成参数，它直接影响最终图像的清晰度和细节丰富度。通过提高精细度数值，AI可以生成细节更丰富、画面更清晰的图像，从而提供更逼真和细致的视觉效果，但这种高质量的生成过程需要更多的计算资源和时间。图8-5所示为不同精细度参数生成的图像效果展示。

图 8-5　效果展示

下面介绍设置AI出图精细度的操作方法。

步骤 01 进入即梦AI主页，点击“图片生成”按钮，弹出相应的面板，在下方的输入框中输入相应的描述词，如图8-6所示。

步骤02 ❶点击☰按钮；❷在“选择模型”选项区域选择“图片1.4”选项，如图8-7所示，改变图片生成模型。

步骤03 点击“生成”按钮，生成相应的图像，效果如图8-8所示。

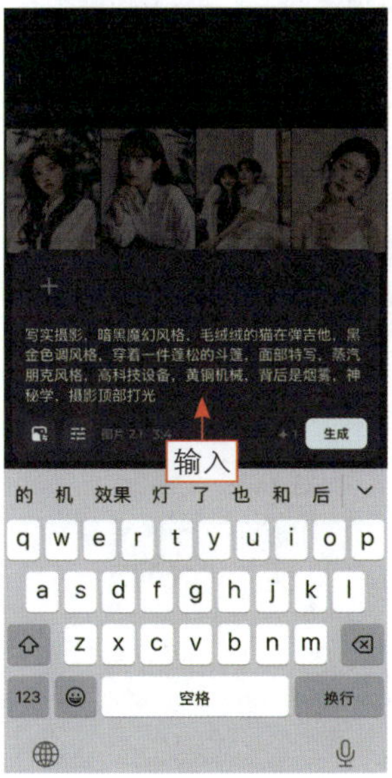

图 8-6　输入相应的描述词

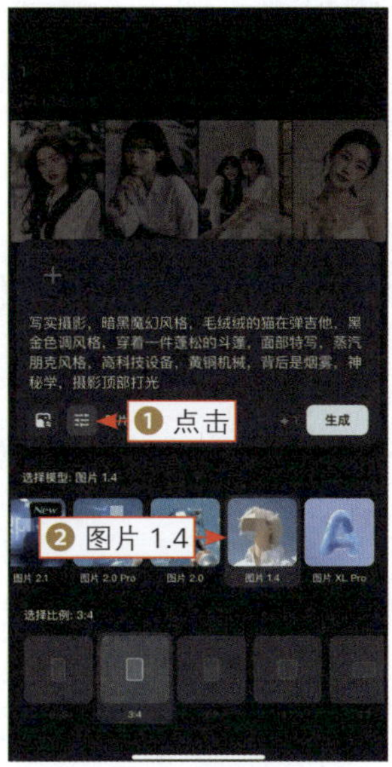

图 8-7　选择“图片 1.4”选项

图 8-8　生成相应的图像

8.1.3　设置图像的比例尺寸

扫码看教学视频

即梦AI有几个固定的预设比例参数，具体包括16：9、3：2、4：3、1：1、3：4、2：3及9：16等，相关介绍如下。

（1）16：9：这是一种广泛应用于现代电视和显示器的宽屏比例，适合生成电影、视频或网页背景等。

（2）3：2：这是一种经典的比例，常用于摄影和印刷，适合生成杂志插图、书籍封面或社交媒体图像，效果如图8-9所示。

（3）4：3：这是一种传统的电视和计算机显示器比例，适合生成标准视频内容或网页图像，效果如图8-10所示。

（4）1：1：正方形比例，适合生成社交媒体头像、图标或正方形广告图像，效果如图8-11所示。

（5）3：4：这种比例较为少见，但可以用于生成强调垂直方向的图像，如手机壁纸或社交媒体故事，效果如图8-12所示。

图 8-9　3 ：2 的图像效果

图 8-10　4 ：3 的图像效果

图 8-11　1 ：1 的图像效果

图 8-12　3 ：4 的图像效果

（6）2：3：与3：2相反，这种比例强调垂直方向，适合生成竖幅广告或手机短视频素材，效果如图8-13所示。

（7）9：16：这是一种较新的竖屏比例，常用于移动设备和社交媒体平台，适合生成手机壁纸或抖音等短视频平台的图片内容，效果如图8-14所示。

图 8-13　2 ：3 的图像效果

图 8-14　9 ：16 的图像效果

【效果展示】：对用户来说，16∶9比例提供了更多的空间来展示故事或信息，同时保持视觉上的平衡，效果如图8-15所示。

图 8-15 16 ∶ 9 的图像效果

下面介绍设置图像比例尺寸的操作方法。

步骤 01 进入即梦AI App，点击“图片生成”按钮，如图8-16所示。

步骤 02 弹出相应的面板，在下方的输入框中输入相应的描述词，如图8-17所示。

步骤 03 ❶点击☰按钮，展开设置面板；❷在“选择比例”选项区中选择16∶9选项，如图8-18所示，改变图片的比例。

图 8-16 选择“图片生成”选项

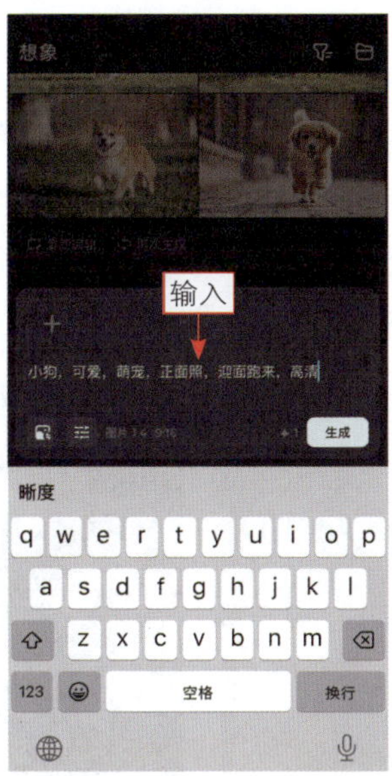

图 8-17 输入相应的描述词

图 8-18 选择 16 ∶ 9 选项

步骤 04 点击“生成”按钮，即可生成相应比例的图像，点击相应的图片，如图8-19所示。

步骤 05 执行操作后，即可预览大图效果，如图8-20所示。

图 8-19　点击相应的图片

图 8-20　预览大图效果

8.1.4　再次生成新的图像

【效果展示】： 即梦AI提供了对用户友好的操作选项，允许用户对生成的图像效果进行多次尝试和调整。若用户对AI初始生成的图像效果不甚满意，可以点击“再次生成”按钮，以重新创建另一组图像，效果如图8-21所示。

扫码看教学视频

图 8-21　效果展示

下面介绍再次生成图像的操作方法。

步骤 01 进入即梦AI App，在“想象”选项区域，点击“图片生成”按钮，弹出相应的面板，在输入框中输入相应的描述词，如图8-22所示。

步骤 02 点击“生成”按钮，即可生成相应的图像，点击图像下方的“再次生成”按钮，如图8-23所示。

步骤 03 执行操作后，即可重新生成一组图像，效果如图8-24所示。

图 8-22　输入相应的描述词

图 8-23　点击“再次生成”按钮

图 8-24　重新生成一组图像

★ 专 家 提 醒 ★

每次点击“再次生成”按钮，AI 都会根据用户输入的描述词和设定的生成参数，利用算法和数据库中的资源，生成一组全新的图像。

8.1.5　重新编辑生成参数

扫码看教学视频

用户可以对描述词和生成参数进行以下优化。

❶ 优化描述词：用户可以对AI的指令进行细化，添加或删除某些关键词，以引导AI生成更精确的图像。

❷ 调整风格和元素：通过改变风格描述或添加特定的视觉元素，用户可以探索不同的视觉效果。

❸ 修改色彩和氛围：用户可以调整色彩方案或描述图像的氛围，以改变图像的整体感觉，获得更加生动或符合情感氛围的图像。

❹ 尝试不同的比例和构图：改变图像的比例或构图，可能会带来意想不到

的图像，用户可以尝试不同的比例设置来寻找最佳的视觉效果。

【效果展示】：若用户对AI生成的图像效果感到不满意，点击“重新编辑”按钮，对描述词和生成参数进行适当调整，以期获得更符合预期的图像，效果如图8-25所示。

图 8-25　效果展示

下面介绍重新编辑生成参数的操作方法。

步骤 01 在下方的输入框中输入相应的描述词，如图8-26所示。

步骤 02 点击“生成”按钮，即可生成相应的图像，点击图像下方的“重新编辑”按钮，如图8-27所示。

步骤 03 执行操作后，会自动定位到描述词上面，适当修改描述词，点击“生成”按钮，即可再次生成相应的图像，效果如图8-28所示。

图 8-26　输入相应的描述词

图 8-27　点击相应的按钮

图 8-28　再次生成相应的图像

8.1.6　一键生成同款图像

扫码看教学视频

【效果展示】：即梦AI的“灵感”界面不仅是展示区，还是互动和灵感界面，汇集用户的作品，展示创作参数，用户可一键复制风格，效果如图8-29所示。

图8-29　效果展示

下面介绍一键生成同款图像的操作方法。

步骤 01 进入即梦AI App，❶切换至“灵感”界面；❷在“灵感”界面中选择相应的AI绘画作品，如图8-30所示。由于灵感界面的作品会实时更新，用户可根据自身需求选择喜欢的模板。

步骤 02 进入作品预览界面，在界面下方点击“做同款”按钮，会自动填入AI绘画作品的描述词和生成参数，点击“生成”按钮，如图8-31所示。

步骤 03 即可使用相同的描述词和生成参数，生成类似的图像，如图8-32所示。

图8-30　选择AI绘画作品

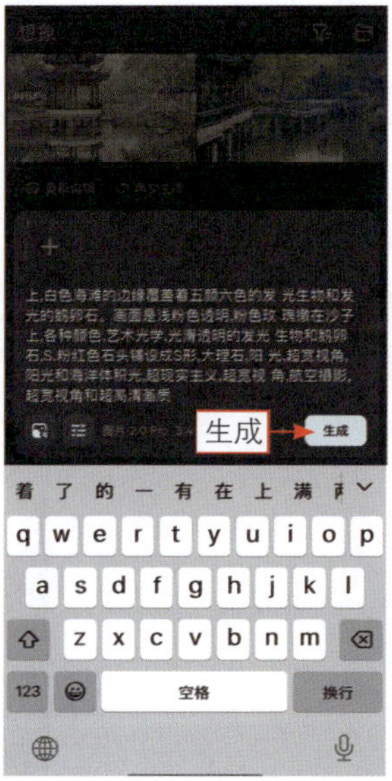

图8-31　点击“生成”按钮

图8-32　生成类似的图像

8.2 编写描述词的高阶技巧

在使用即梦AI的文生图功能时，描述词的选择至关重要，它们用于指导AI创作出符合预期的图像。本节将介绍如何巧妙地构建描述词，以精准的语言引导AI，创作出心中的视觉艺术作品。

8.2.1 主体描述

扫码看教学视频

【效果展示】：图像的主体是吸引视线和传达主题的核心，可以是任何引人注目的物体。在构图中需要突出主体，与背景形成对比，以增强其视觉影响力，效果如图8-33所示。

图 8-33 效果展示

下面介绍通过主体描述词生成图像的操作方法。

步骤 01 进入相应的界面，输入相应的描述词，如图8-34所示。

步骤 02 点击“生成”按钮，即可生成相应的图像，画面主体为银杏树叶，如图8-35所示。

图 8-34 输入相应的描述词

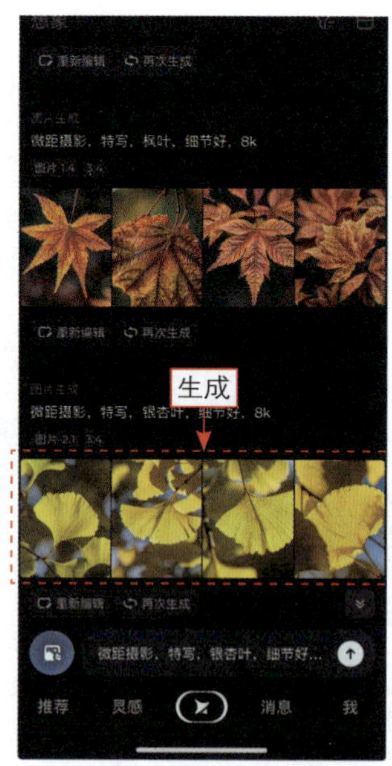

图 8-35 生成相应的图像效果

8.2.2　画面场景

扫码看教学视频

【效果展示】：在AI绘画中，精心构建的描述词对于生成高质量图像至关重要。其中，画面场景是描述词的核心组成部分，它不仅包括环境的总体氛围，还涵盖了点缀元素和其他细节的描述。例如，当画面场景为星空银河时，可以将繁星的细节作为点缀元素，效果如图8-36所示。

图 8-36　效果展示

★ 专 家 提 醒 ★

描述词是一种文本提示信息或指令，用于指导生成图像的方向和画面内容。描述词可以是关键词、短语或句子，用于描述所需的图像样式、主题、风格、颜色、纹理等。通过提供清晰的描述词，可以帮助AI生成更符合用户需求的图像效果。

在图像生成领域，描述词的应用尤为广泛，它是一种调节AI模型的方法。通过输入想要的内容和效果，AI模型就能理解用户想表达的含义，并据此生成相应的图像。描述词为用户提供了一种简单而直观的方式来控制AI模型的行为，使得用户可以轻松地完成各种复杂的图像生成任务。

下面介绍通过画面场景描述词生成图像的操作方法。

步骤 01 进入相应的界面，输入相应的描述词，用于指导AI生成特定的图像，如图8-37所示。

步骤 02 ❶点击按钮，展开设置面板；❷在“选择比例”选项区域选择3：4选项，如图8-38所示，改变图片的生成比例，点击“生成”按钮。

步骤 03 AI即可生成4张图像，如图8-39所示。

图 8-37　输入相应的描述词

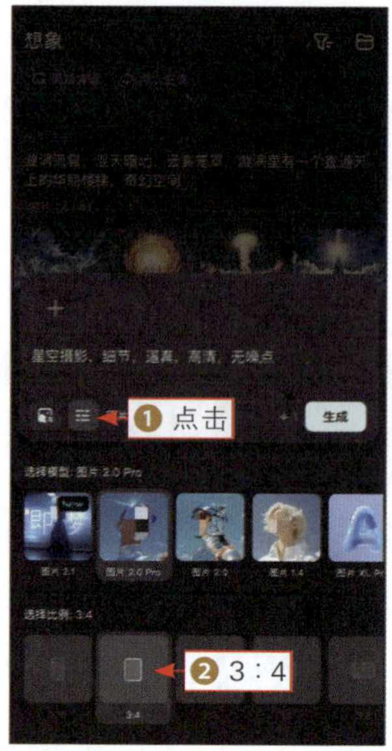

图 8-38　选择 3 ：4 选项

图 8-39　AI 即可生成 4 张图像

本章小结

本章首先介绍了如何通过文字描述生成图像，以及设置AI生图模型、图像比例尺寸、再次生成新图像和编辑生成参数等的具体方法；接着介绍了编写高阶描述词的技巧，包括主体、场景等，以提升生成图像的艺术效果。

课后实训

以下是精心设计的课后实训项目，旨在通过实践加深读者对知识点的理解和记忆。请认真参与每项练习，以实现知识的内化和应用。

扫码看教学视频

【实训任务】：对称构图是指将主体对象平分成两个或多个相等的部分，在画面中形成左右对称、上下对称或者对角线对称等不同的形式，产生一种平衡和富有美感的画面效果。请运用即梦AI App通过构图方式描述词生成图像，如图8-40所示。

下面介绍通过构图方式描述词生成图像的操作方法。

步骤 01 进入相应的界面，输入相应的描述词，明确指出“对称构图”，这有助于AI识别并模仿相应的构图方式，如图8-41所示。

图 8-40　效果展示

步骤 02 ❶点击按钮，展开设置面板；❷在“选择比例”选项区域选择4：3选项，改变图片尺寸，如图8-42所示。

步骤 03 点击“生成”按钮，AI即可生成采用相应构图方式的图像，画面以水面为对称轴，山的实体与倒影形成镜像对称，创造出了一种平衡、和谐的视觉效果，如图8-43所示。

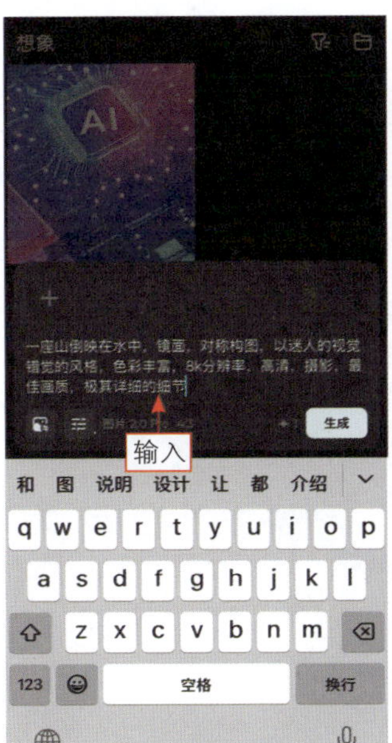

图 8-41　输入相应的描述词

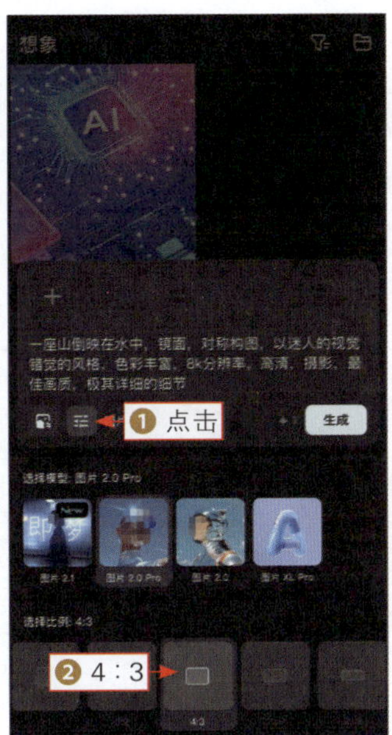

图 8-42　选择 4 ： 3 选项

图 8-43　生成图像

第9章　AI图生图

本章将从图像参考的最佳设定方法入手，介绍如何精准地控制AI图生图的效果，并介绍不同的生图模型及个性化定制玩法。用户将学习如何优化图像参考，调整生成比例、生图模型，以及如何使用即梦AI的个性化模型，实现从现有素材到创意作品的转变。

9.1 图像参考的最佳设定方法

即梦AI的图生图功能允许用户上传一张图片，并通过添加文本描述的方式输出新图片。使用即梦AI的图生图功能时，用户可以设置一定的参考内容，包括角色特征、人物长相、景深关系等，从而引导AI描绘出自己心中所想。

9.1.1 参考角色特征以图生图

扫码看教学视频

【效果对比】：以图生图技术，需要精准捕捉参考角色特征，如五官、姿态等，再通过算法生成新图像，确保特征突出，避免失真，原图与效果图对比如图9-1所示。

图 9-1 原图与效果图对比

下面介绍参考角色特征以图生图的操作方法。

步骤 01 打开即梦AI App，点击“图片生成”按钮，进入“想象”界面，点击按钮，如图9-2所示，进入相应的界面，在界面中选择一张参考图，即可上传参考图。

步骤 02 执行操作后，弹出“选择参考内容”面板，如图9-3所示。

步骤 03 选择“角色特征”选项，如图9-4所示，系统就会自动识别图片中的角色特征。

图 9-2　点击+按钮

图 9-3　弹出“选择参考内容”选项区

图 9-4　选择“角色特征”选项

步骤 04 点击下方的输入框，输入相应的提示词，用于指导AI生成特定的图像，如图9-5所示。

步骤 05 点击“生成”按钮，即可生成4张与参考图角色特征相似的图像，如图9-6所示。

图 9-5　输入相应的提示词

图 9-6　生成相应的图像

9.1.2　参考人物长相以图生图

扫码看教学视频

【效果对比】：借助即梦AI的图生图功能，用户能够以人物长相作为参考，根据人物面部特征生成具有个性化和艺术性的视觉作品，原图与效果图对比如图9-7所示。

下面介绍参考人物长相以图生图的操作方法。

步骤 01 打开即梦 AI App，点击“图片生成”按钮，进入“想象”界面，点击+按钮，如图 9-8 所示，上传一张参考图。

步骤 02 弹出“选择参考内容”面板，选择“人物长相”选项，系统会自动识别并选中图像中的人物面部，如图9-9所示。

步骤 03 输入相应的提示词，用于指导AI生成特定的图像，如图9-10所示。

图 9-7　原图与效果图对比

图 9-8　点击+按钮

图 9-9　选择“人物长相”选项

图 9-10　输入相应的提示词

步骤 04 点击“生成”按钮，AI会根据参考图中的人物面部特征生成相应的图像，如图9-11所示。

步骤 05 点击喜欢的一张照片，即可预览大图，效果如图9-12所示。

图 9-11　生成相应的图像

图 9-12　预览大图效果

★ 专 家 提 醒 ★

AI 识别图像中人物特征的过程是通过一系列高级技术实现的，首先利用面部检测算法定位图像中的人脸，然后通过深度学习模型，如卷积神经网络，提取面部的关键特征，包括眼睛、鼻子、嘴巴的形状和位置，以及情感和表情。

AI 还会进行面部对齐、特征匹配和上下文理解等处理，以提高识别的准确性。随着技术的不断进步和大量数据的训练，AI 在面部识别和特征分析方面变得越来越精准，广泛应用于从安全监控到社交媒体的多个领域。

9.1.3　参考景深关系以图生图

扫码看教学视频

【效果对比】：景深是指在摄影中，被摄物体前后的清晰范围，它能够营造出一种深度感，使图像具有三维空间的效果。借助即梦AI的图生图功能，用户可以利用图像中的景深关系来生成新的图像，原图与效果图对比如图9-13所示。

★ 专 家 提 醒 ★

在即梦 AI 平台中，虽然没有直接的选项用来控制景深，但可以通过一些提示词来指导 AI 生成具有特定景深效果的图像，如“聚焦主体”“中心聚焦”“背景模糊”“柔和背景”“前景虚化”“模糊前景”“小清晰范围”“大清晰范围”“大光圈效果”“小光圈效果”“增加深度感”“强烈的深度效果”“清晰的前后层次”“细节清晰”等。

图 9-13　原图与效果图对比

下面介绍参考景深关系以图生图的操作方法。

步骤 01 进入“想象”界面，点击+按钮，如图9-14所示，上传一张参考图。

步骤 02 弹出“选择参考内容”面板，选择“景深构图”选项，系统会自动识别图像中的深度信息，并生成相应的图像，如图9-15所示。

步骤 03 在下方的输入框中输入相应的提示词，用于指导AI生成特定的图像，如图9-16所示。

图 9-14　点击+按钮

图 9-15　选择“景深构图”选项

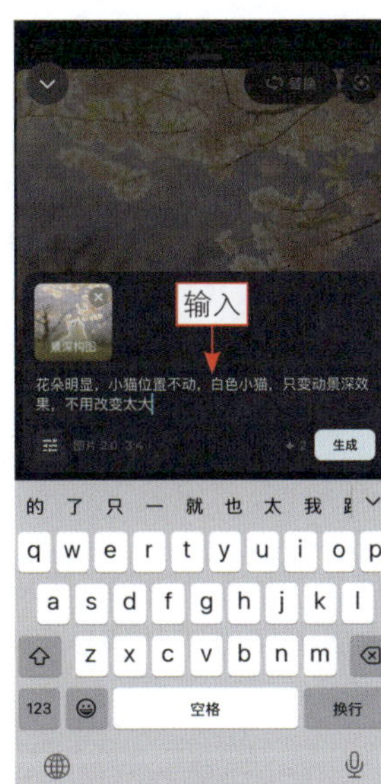

图 9-16　输入相应的提示词

步骤 04 点击“生成”按钮，AI会根据参考图中的景深关系生成相应的图像，同时将场景中粉色的花变成了白色的桃花，如图9-17所示。

步骤 05 在AI生成的4张图像中，点击喜欢的一张，即可预览大图，效果如图9-18所示。

图 9-17　点击“生成”按钮

图 9-18　预览大图效果

★ 专家提醒 ★

即梦 AI 中的景深图就是一种深度图，它是控制图像结构和光影效果的强大工具，不仅可以用来复原画面构图，还能通过结合具体的提示词，实现更加精细和生动的图像表现。

深度图，也被称作距离图，是一种特殊的图像，它记录了场景中每个区域相对于图像采集器的距离。在深度图中，使用 0 ~ 255 的灰度值来表示距离，其中 0 代表场景中最远的点，而 255 代表最近的点。通过这些不同的灰度值，深度图能够呈现出场景的三维距离信息，形成一幅由不同灰阶组成的图像。

9.2　精准控制生成效果

在使用即梦AI的图生图功能进行创作的过程中，用户不仅可以上传一张参考图像来奠定作品的基本框架，还能够通过一系列高级功能来精细控制生成的图像效果。

9.2.1　修改图生图参考强度

扫码看教学视频

【效果对比】：在使用图生图功能进行创作的过程中，我们精心调整参考强度，既可以保留原作精髓，又可以赋予图像新意。旨在平衡创新与传承，让每幅作品既忠实原貌，又独具匠心，原图与效果图对比如图9-19所示。

图 9-19　原图与效果图对比

下面介绍修改图生图参考强度的操作方法。

步骤 01 进入“想象”界面，点击+按钮，如图9-20所示，上传一张参考图。

步骤 02 弹出“选择参考内容”面板，选择“边缘轮廓”选项，点击按钮，在弹出的面板中，调整“参考强度”参数为50，如图9-21所示。

步骤 03 点击下方的输入框，输入相应的提示词，用于指导AI生成特定的图像，如图9-22所示。

图 9-20　点击+按钮

图 9-21　调整参考强度

图 9-22　输入相应的提示词

步骤 04 点击“生成”按钮，AI会根据参考图中的边缘轮廓生成相应的图像，如图9-23所示。

步骤 05 点击喜欢的一张图片，即可预览大图，效果如图9-24所示。

图 9-23　生成相应的图像

图 9-24　预览大图效果

9.2.2　设置生图比例

【效果对比】：用户可以根据上传图片的实际比例来设置生图比例，以便更好地适应和展示图片内容。系统会智能调整，确保图片在转换过程中保持原有的视觉效果，原图与效果图对比如图9-25所示。

扫码看教学视频

图 9-25　原图与效果图对比

★ 专家提醒 ★

当用户上传一张非方形的图片时，可以选择保持原始图片的宽高比，也可以选择自定义比例来适应特定的需求。例如，如果图片是一幅风景画，可以选择横向拉伸以更好地展现宽阔的景色；如果图片是一幅肖像画，则可以选择纵向拉伸以突出人物特征。

下面介绍设置生图比例的操作方法。

步骤 01 进入“图片生成”界面，点击按钮，如图9-26所示，上传一张参考图。

步骤 02 弹出“选择参考内容”面板，某些参考内容不能改变生图比例，因此需要更换参考风格，选择“风格特征”选项，如图9-27所示，让AI参考图片的风格进行生成。

步骤 03 点击下方的输入框，即可点击按钮，如图9-28所示。

图 9-26　点击按钮

图 9-27　选择“风格特征”选项

图 9-28　点击按钮

步骤 04 弹出相应的面板，选择3：4选项，如图9-29所示，改变图片比例。

步骤 05 点击输入框，输入相应的提示词，用于指导AI生成特定的图像，如图9-30所示。

步骤 06 点击“生成”按钮，AI即可根据参考图中的信息生成4张相应的图像，如图9-31所示，点击合适的图片即可放大查看图片。

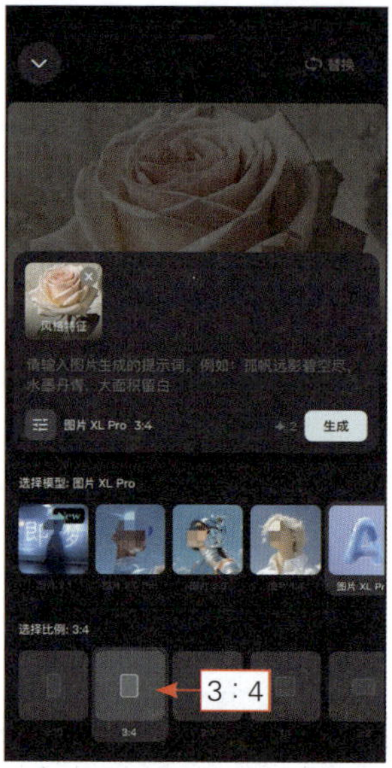

图 9-29　选择 3 ： 4 选项

图 9-30　输入相应的提示词

图 9-31　生成 4 张相应的图像

9.2.3　生成超清图

扫码看教学视频

【效果对比】：不管是文生图还是图生图，即梦AI每次都会同时生成4张图片，当用户看到比较满意的图片效果后，可以点击超清图按钮HD，一键放大图像，原图与效果图对比如图9-32所示。

图 9-32　原图与效果图对比

下面介绍生成超清图的操作方法。

步骤 01 进入“想象”界面，点击按钮，如图9-33所示，上传一张参考图。

步骤 02 弹出“选择参考内容”面板，选择“智能参考”选项，系统会自动识别图像，如图9-34所示。

步骤 03 点击下方的输入框，输入相应的提示词，用于指导AI生成特定的图像，如图9-35所示。

图 9-33　点击按钮

图 9-34　选择“智能参考”选项

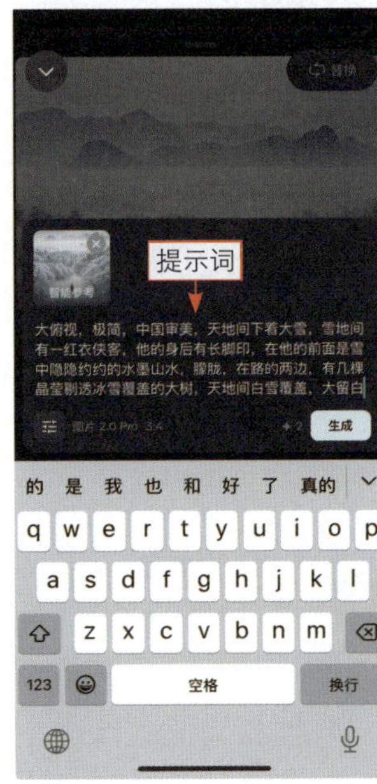

图 9-35　输入相应的提示词

步骤 04 点击“生成”按钮，AI会根据参考图和提示词生成相应的图像，如图9-36所示，选择其中一张图片，即可放大图片。

步骤 05 点击图片上方的超清图按钮HD，如图9-37所示。

步骤 06 执行操作后，即可生成清晰度更高的图像，选择超清图，点击按钮，如图9-38所示，将其下载到相册中。

★ 专 家 提 醒 ★

HD 通常指的是 High Definition，即高清晰度。这个术语用来描述图像的分辨率，它比标准清晰度（Standard Definition，SD）的分辨率要高，高清晰度图像提供了更多的细节和更清晰的视觉效果。常见的 HD 分辨率有 720p 和 1080p。

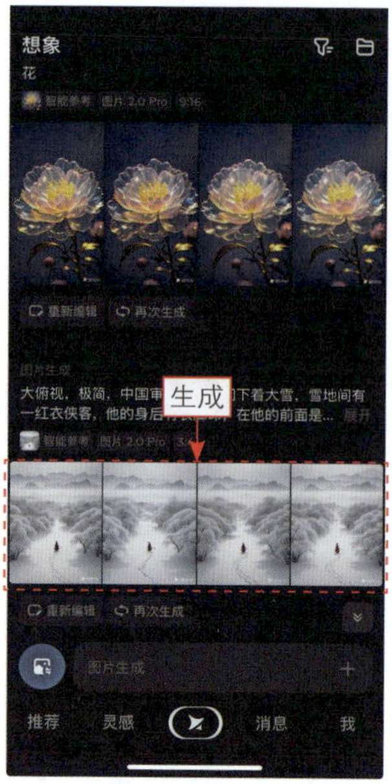

图 9-36　生成相应的图像

图 9-37　点击HD按钮

图 9-38　点击⬇按钮

9.3　生图模型

学会了最佳设定方法和精准控制生成效果之后，本节首先介绍即梦AI图片2.0 Pro模型的使用，这一模型以其广泛的适用性为用户提供了灵活的图像生成选项；接着继续介绍即梦AI图片2.0模型的应用，这一进阶模型凭借其更强大的处理能力，能够带来更加精细的图像输出，为用户提供更多创作可能。

9.3.1　使用图片2.0 Pro模型生图

扫码看教学视频

【效果对比】：即梦AI的图片2.0 Pro模型是即梦自主研发的一个基础图像生成模型，该模型为用户进入AI绘画世界提供了一个起点。这个模型虽然功能基础，但已经足够强大，能够满足大多数标准图像生成需求，原图与效果图对比如图9-39所示。

下面介绍使用即梦AI图片2.0 Pro模型生图的操作方法。

步骤 01 进入“想象”界面，点击+按钮，如图9-40所示，上传一张参考图，用于作为AI的参考来生成图像内容。

步骤 02 弹出相应的面板，在“选择参考内容”选项区中，选择“智能参考”选项，如图9-41所示。

图 9-39　原图与效果图对比

步骤 03 ❶点击左侧的按钮；❷在“选择模型”选项区中，选择“图片2.0 Pro”模型，如图9-42所示。

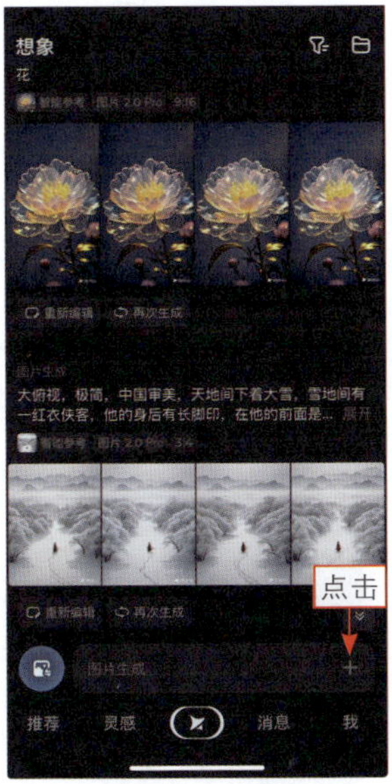

图 9-40　点击按钮

图 9-41　选择“智能参考”选项

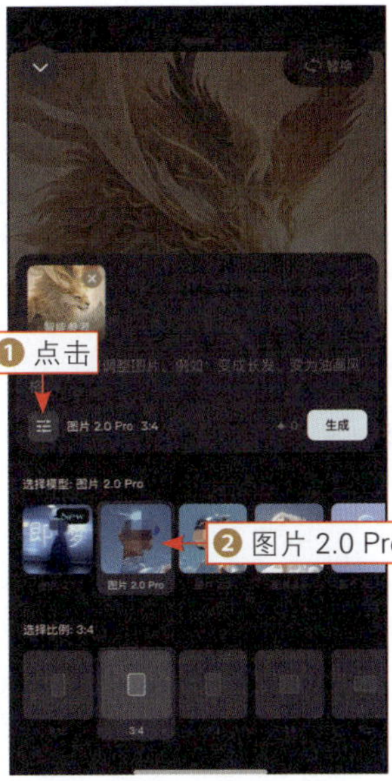

图 9-42　选择“图片 2.0 Pro”模型

步骤 04 在“选择比例”选项区，选择3：4选项，将图像调整为竖图，如图9-43所示。

步骤 05 ❶在输入框中输入提示词；❷点击“生成”按钮，如图9-44所示。

步骤 06 即可生成4张相应的图像，如图9-45所示。

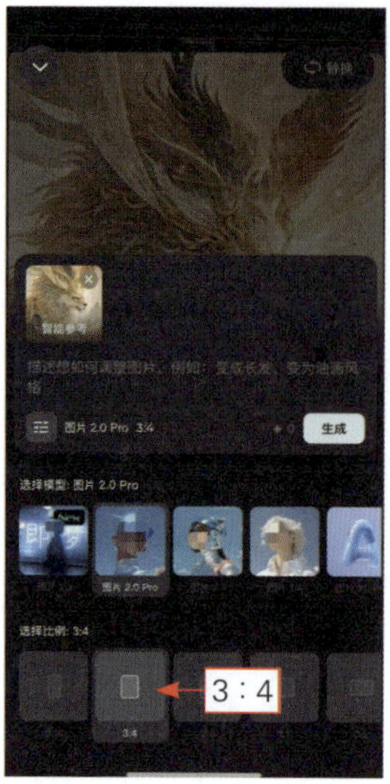

图 9-43　选择 3 ： 4 选项

图 9-44　点击“生成”按钮

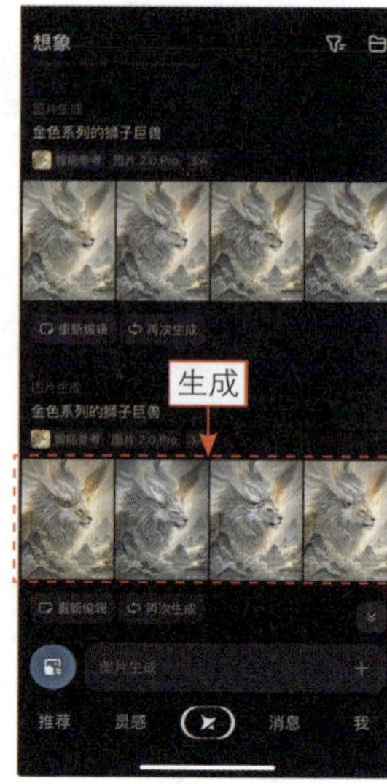

图 9-45　生成 4 张相应的图像

★ 专家提醒 ★

即梦 AI 图片 2.0 Pro 是一种基于深度学习技术的模型，其最基本的形式是实现文本到图像的转换。当输入一个文本提示词时，该模型能够生成与文本内容相匹配的图像作为输出。

9.3.2　使用图片2.0模型生图

【效果对比】： 即梦AI图片2.0模型在图像生成的质量和效果上实现了显著提升，并且增强了对专业控制的支持，非常适合那些追求精细控制和高艺术表现力的用户。通过采用更先进的算法和更强大的计算资源，即梦AI图片2.0模型优化了生图效果，为用户提供了丰富且逼真的视觉体验，原图与效果图对比如图9-46所示。

扫码看教学视频

下面介绍使用即梦AI图片2.0模型生图的操作方法。

步骤 01 进入“想象”界面，点击+按钮，如图9-47所示，上传一张参考图。

图 9-46　原图与效果图对比

步骤 02 弹出“选择参考内容”面板，选择“角色特征”选项，如图9-48所示，设置图片的参考项。

步骤 03 执行操作后，❶点击按钮；❷在“选择比例”选项区域选择2：3选项，如图9-49所示，即可将参考图的生图比例调整为竖图比例。

步骤 04 在“选择模型”选项区域选择“图片2.0”选项，如图9-50所示，改变生图模型。

步骤 05 输入相应的提示词，用于指导AI生成特定的图像，如图9-51所示。

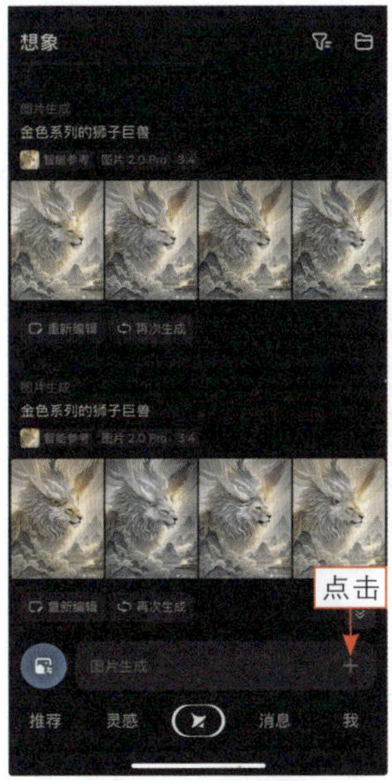

图 9-47　点击按钮

图 9-48　选择“角色特征”选项

图 9-49　选择 2 ：3 选项

图 9-50　选择“图片 2.0”选项

步骤 06 点击“生成”按钮，AI即可自动生成4张相应的图像，如图9-52所示，点击喜欢的一张图像，即可放大查看。

图 9-51　输入相应的提示词

图 9-52　自动生成 4 张相应的图像

9.4　个性化模型的定制玩法

除了上述两个通用模型，即梦AI还提供了两个个性化模型，它们可以根据用户的特定需求和偏好进行定制和优化。这些模型的学习过程涉及大量的用户数据和反馈，使得生成的图像更加贴近用户的个人风格和创作意图。

本节将进一步探讨如何根据具体的项目需求选择和使用这些个性化的AI生图模型，以及如何通过它们来激发创意思维，创造出令人惊叹的艺术作品。

9.4.1　使用图片1.4模型生图

扫码看教学视频

即梦AI图片1.4影视模型专门针对非写实风格进行了优化，使得AI能够更深入地理解和表现多样的艺术风格。这一升级显著扩展了AI绘画的应用场景，为用户提供了更丰富多元的创作选择和更广阔的艺术表现空间。

【效果对比】：即梦AI图片1.4模型不再局限于传统的写实绘画，而是能够捕捉到和再现从抽象表现主义到超现实主义等多种艺术风格的独特魅力，原图与效果图对比如图9-53所示。

图 9-53　原图与效果图对比

下面介绍使用即梦AI图片1.4模型生图的操作方法。

步骤 01 进入“想象”界面，点击按钮，如图9-54所示，上传一张参考图。

步骤 02 弹出“选择参考内容”面板，选择“风格特征”选项，系统会自动识别图像信息，如图9-55所示。

步骤 03 ❶点击按钮；❷在“选择模型”选项区域选择“图片1.4”选项，如图9-56所示。

图 9-54　点击按钮

图 9-55　选择“风格特征”选项

图 9-56　选择“图片 1.4”选项

步骤 04 执行操作后，在“选择比例”选项区中，选择2：3选项，如图9-57所示，即可将参考图的生图比例调整为竖图。

步骤 05 输入相应的提示词，点击“生成”按钮，AI会自动生成相应的4张图像，如图9-58所示。

步骤 06 点击喜欢的一张图像，即可预览大图，效果如图9-59所示。

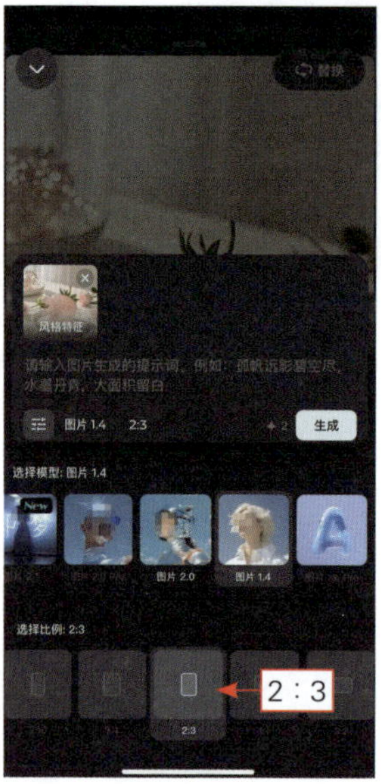

图 9-57 选择 2 ： 3 选项

图 9-58 自动生成相应的 4 张图像

图 9-59 预览大图

★ 专家提醒 ★

即梦 AI 图片 1.4 模型在处理整体画面时能够提供令人满意的效果，但在细节层面，尤其是人物手指等细微之处，可能无法达到完美的程度，这就需要用户在生成图像后进行细致的手动调整或重绘，以确保这些细节能够更加逼真和符合实际。

此外，为了使即梦 AI 能够生成更符合用户预期的作品，输入的提示词需要尽可能精确和详细。具体而生动的描述不仅有助于 AI 更准确地理解用户的创作意图，还能激发 AI 生成更加丰富和有表现力的内容。因此，用户在使用即梦 AI 图片 1.4 模型时，应注意这些操作细节，以充分利用 AI 的潜力，同时发挥人工调整的优势，共同创造出高质量的图像作品。

9.4.2 使用图片XL Pro模型生图

扫码看教学视频

即梦AI中的图片XL Pro模型专门针对复杂场景的构建和创意短片制作进行了优化，它能够处理长段提示词并生成连贯叙事的视频和图片内容，特别擅长在单一提示词的指导下实现多镜头视频的生成和多个场景的流畅切换。

【效果对比】：图片XL Pro模型能够根据用户的文本描述生成各种风格的图片，从经典的文学风格到现代流行的艺术风格，这个模型都能轻松呈现，原图与效果图对比如图9-60所示。

图 9-60　原图与效果图对比

★ 专家提醒 ★

使用图片XL Pro模型时，精确而详细的描述非常关键，以确保生成的作品满足预期，使用具体和生动的词汇有助于AI更准确地把握需求。

由于AI生成的结果存在差异，建议用户多次尝试并调整提示词以获得最佳效果，因为AI每次生成的效果都可能有所不同。

此外，生成的图片可能需要进行后期处理，包括细节优化和超清增强，以提升视觉效果。

下面介绍使用图片XL Pro模型生图的操作方法。

步骤 01 进入相应的界面，点击按钮，如图9-61所示，上传一张参考图，即可自动弹出“选择参考内容”面板。

步骤 02 在“选择参考内容”选项区中，选择“景深构图”选项，设置“参考强度”为45，如图9-62所示，让生成的图片和参考图更加相似。

步骤 03 在“选择模型”选项区域，选择“图片XL Pro”模型，如图9-63所示，可以让图像的细节更加丰富和清晰。

图 9-61　点击按钮

图 9-62　选择“景深构图”选项

步骤 04 点击“生成”按钮，即可生成4张相应的图像，如图9-64所示。

步骤 05 点击喜欢的一张图像，即可预览大图，效果如图9-65所示，如果对效果不满意，可点击图片下方的“再次生成”按钮，重新生成4张图片。

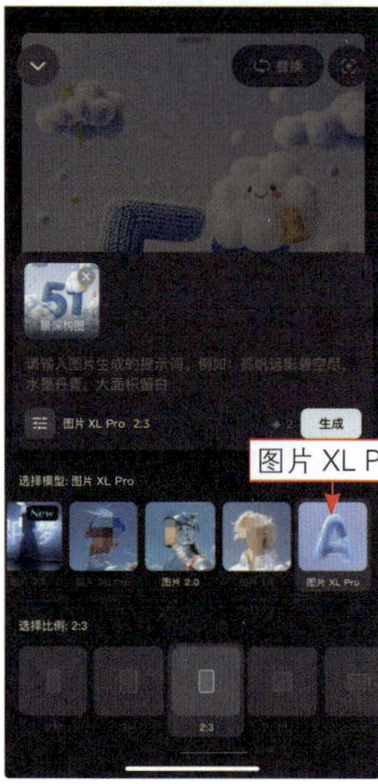

图 9-63　选择“图片 XL Pro”模型

图 9-64　生成 4 张相应的图像

图 9-65　预览大图

本章小结

本章首先介绍了如何设定图像参考，包括主体内容、人物长相和景深关系的参考技巧；接着深入介绍了精准控制生成效果的方法，从修改参考强度到设置生图比例，以及生成超清图；最后介绍了讨生图模型的使用，包括即梦AI通用模型和个性化模型的定制玩法，为读者提供从现有素材出发的创意延伸指南。

课后实训

以下是精心设计的课后实训项目，旨在通过实践加深读者对知识点的理解和记忆。请认真参与每项练习，以实现知识的内化和应用。

扫码看教学视频

【实训任务】： 当用户在即梦AI平台上成功生成符合期望的图像效果后，可以轻松地将这些图像保存到本地，下载过程通常非常简单，请运用即梦AI App下载效果图，原图与效果图对比如图9-66所示。

图 9-66　原图与效果图对比

下面介绍下载效果图的操作方法。

步骤 01 进入“想象”界面，点击+按钮，如图9-67所示，上传一张参考图。

步骤 02 弹出“选择参考内容”面板，选择“智能参考”选项，系统会自动识别图像，如图9-68所示。

步骤 03 点击下方的输入框，❶输入相应的提示词；❷选择一个生图模型，如“图片2.0 Pro”，用于指导AI生成特定内容和画风的图像，如图9-69所示。

图 9-67　点击+按钮

图 9-68　选择“智能参考”选项

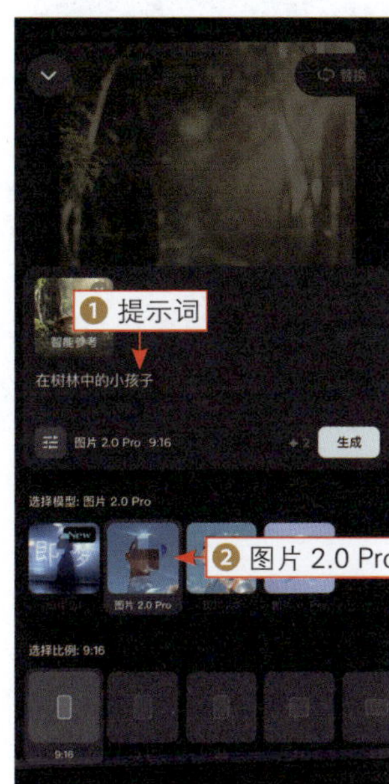

图 9-69　选择一个生图模型

步骤 04 点击“生成”按钮，如图9-70所示，AI会根据参考图中的人物长相生成相应的图像。

步骤 05 选择合适的图像，将其放大，点击上方的按钮，如图9-71所示。

步骤 06 弹出相应的面板，点击“保存到本地”按钮，如图9-72所示，下载完成后即可在相册中查看刚刚下载好的图像。

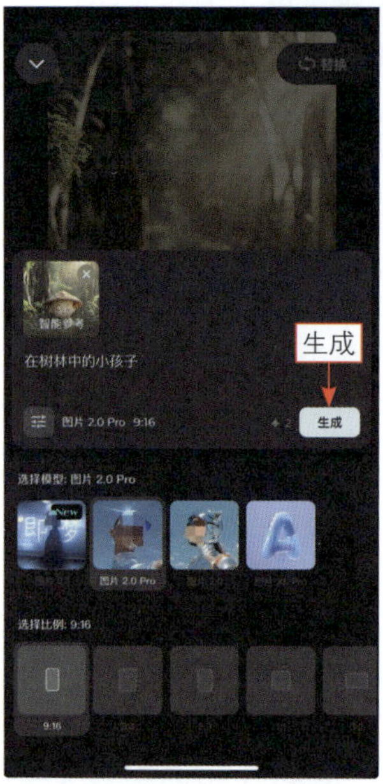

图 9-70 点击“生成”按钮

图 9-71 点击上方的按钮

图 9-72 点击“保存到本地”按钮

★ 专家提醒 ★

下载完成后，用户可以自由地将这些图像用于个人项目或分享到社交媒体上。无论是用于打印出版、广告宣传还是个人收藏，这些图像都能以高清晰度和专业品质满足用户的需求。

为了提升用户体验，即梦 AI 还提供了批量下载功能，允许用户一次性下载多张图像，节省了时间并提高了效率。同时，即梦 AI 还会自动将图像保存到云存储服务器中，方便用户随时随地访问和管理。

第10章　文生视频

本章主要介绍在即梦AI中进行文生视频的技巧。首先带领用户了解在进行文生视频时，通过精准描述主体部分、场景设置和视觉细节等内容，来提升视频的生成质量；然后介绍在即梦AI中设置视频的比例，从而生成横幅和竖幅视频的操作方法。

10.1 高效描述文生视频的创作逻辑

即梦AI平台以简洁直观的操作界面和强大的AI算法，为用户提供了一种全新的视频创作体验。不同于传统的视频制作流程，用户无须精通视频剪辑软件或拥有专业的视频制作技能，只需通过简单的文字描述，即可激发AI的创造力，生成一段段引人入胜的视频内容。

在这个创新的过程中，文字描述扮演着至关重要的角色。用户的文字不仅是视频内容的蓝图，更是AI理解用户意图和创作方向的关键。文字描述的准确性、创造性和情感表达，直接影响着最终视频的质量和感染力。

本节主要介绍文生视频的描述技巧，用户在输入提示词时，应该尽量清晰、具体，同时富有想象力，以引导AI创造出符合预期的视频效果。

10.1.1 主体部分

扫码看教学视频

在视频创作中，每个场景都是一个独立的故事，由一个或多个核心元素即主体来驱动。主体和主题是相互依存的，一个有力的主体可以帮助表达和强化主题，而一个深刻的主题可以提升主体的表现力。

主体不仅能够为视频注入灵魂，还为观众提供了视觉焦点和情感共鸣的源泉。表10-1所示为常见的视频主体（或主题）示例。

表 10-1 常见的视频主体（或主题）示例

类　别	视频主体（或主题）示例
人物	名人、模特、演员、公众人物
动物	宠物（猫、狗）、野生动物、地区标志性动物
自然景观	山脉、海滩、森林、瀑布
城市风光	城市天际线、地标建筑、街道、广场
交通工具	汽车、飞机、火车、自行车、船只
食物和饮料	美食制作过程、餐厅美食、水果
产品展示	电子产品、时尚服饰、化妆品、家居用品
教育内容	教学视频、讲座、实验演示、技能培训
娱乐和幽默	搞笑短片、喜剧表演、魔术表演
运动和健身	体育赛事、健身教程、运动员训练
音乐和舞蹈	音乐视频、现场演出、舞蹈表演
艺术和文化	艺术作品展示、文化节庆、历史遗迹介绍
游戏和电子竞技	电子游戏玩法、电子竞技比赛、游戏评测

上述这些主体（或主题）不仅丰富了视频的内容，也为用户提供了广阔的创作空间。通过巧妙地结合这些主体（或主题），用户可以构建出多样化的视频场景，讲述各种引人入胜的故事，满足不同观众的期待和喜好。

【效果展示】：例如，这段AI视频的主体是一颗草莓，并展现了水面波浪的景色，以及草莓的可口，效果如图10-1所示。

图 10-1　效果展示

下面介绍通过描述主体部分来生成视频的操作方法。

步骤 01 进入即梦AI App，点击“视频生成”按钮，如图10-2所示。

步骤 02 进入“想象”界面，在下方的输入框中输入相应的提示词，用于指导AI生成特定的视频，如图10-3所示。

步骤 03 点击“生成”按钮，开始生成视频，并显示生成进度，如图10-4所示。

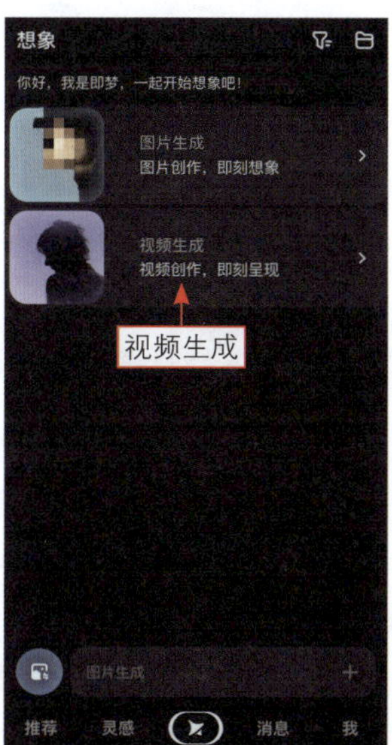

图 10-2　点击“视频生成”按钮

图 10-3　输入相应的提示词

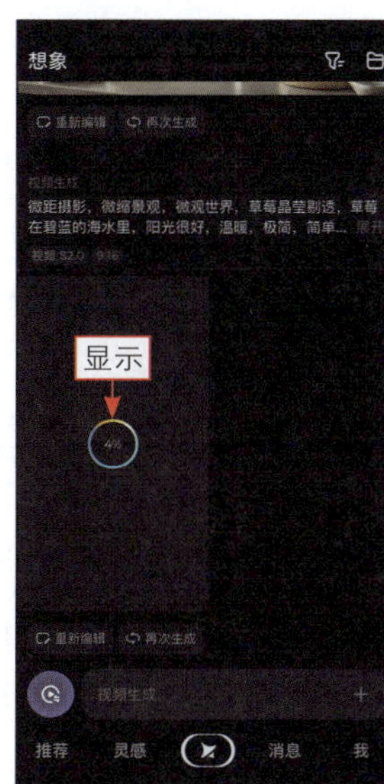

图 10-4　显示生成进度

步骤 04 稍等片刻，即可生成相应的视频，点击生成好的视频，如图10-5所示，即可全屏预览视频。

步骤 05 ①点击视频右上角的 按钮，弹出相应的面板；②选择“收藏”选项，如图10-6所示，即可收藏视频。

步骤 06 ①点击 按钮；②在弹出的面板中，点击“保存到本地”按钮，如图10-7所示，即可下载视频。

图 10-5　点击生成好的视频

图 10-6　选择“收藏”选项

图 10-7　点击“保存到本地”按钮

10.1.2　场景设置

扫码看教学视频

在AI视频的提示词中，用户可以详细地描绘一个特定的场景，这不仅包括场景的物理环境，还涵盖了情感氛围、色彩调性、光线效果及动态元素。通过精心设计的提示词，AI能够生成与用户构想相匹配的视频内容。

【效果展示】：如本节AI视频的主体是“大草原”，同时还用到了很多有关场景设置的提示词，如“有山”“有水”“花”，效果如图10-8所示。

图 10-8　效果展示

下面介绍通过描述场景来生成视频的操作方法。

步骤 01 进入即梦AI App，点击“视频生成”按钮，进入相应的界面，输入相应的提示词，用于指导AI生成特定的视频，如图10-9所示。

步骤 02 点击“生成”按钮，开始生成视频，并显示生成进度，如图10-10所示。

步骤 03 稍等片刻，即可生成相应的视频，效果如图10-11所示。

图 10-9　输入相应的提示词

图 10-10　点击“生成”按钮

图 10-11　生成相应的视频

10.1.3　视觉细节

在提示词中添加描述视觉细节的内容会使画面生成得更高清，细节更丰富。表10-2所示为一些可以包含在提示词中的视觉细节。

扫码看教学视频

表 10-2　提示词中的视觉细节

类　别	视觉细节示例	
场景特征细节	环境背景	可以是宁静的海滩、繁忙的都市街道、古老的城堡内部或遥远的外星世界
	色彩氛围	描述场景的整体色彩，如温暖的日落色调、冷冽的冬季蓝或充满活力的春天绿
	光线条件	光线可以是柔和的晨光、刺眼的正午阳光或昏暗的室内灯光

续表

类　别	视觉细节示例	
人物特征细节	外观描述	包括人物的发型、服装风格、面部特征等
	表情细节	人物的表情可以是快乐、悲伤、惊讶或深思的，这些表情将影响人物的情感传达
	动作特点	人物的动作可以是优雅的舞蹈、紧张的奔跑或平静的站立等
物体特征细节	形状和大小	物体可以是圆形、方形或形状不规则的，大小可以是小巧精致的或庞大壮观的
	颜色和纹理	物体的颜色可以是鲜艳夺目或柔和淡雅的，纹理可以是光滑、粗糙或有特殊图案的
	功能和用途	描述物体的功能，如一辆快速的赛车、一件实用的工具或一件装饰艺术品等
动态元素细节	运动轨迹	物体或人物的运动轨迹，如直线移动、曲线旋转或不规则跳跃
	速度变化	运动的速度可以是快速、缓慢或有节奏的加速和减速

通过这些详细的视觉细节提示词，AI能够生成符合用户期望的视频内容，不仅在视觉上吸引人，而且在情感上与观众产生共鸣。这种高度定制化的视频创作方式，使得AI成为一个强大的创意工具，适用于各种视频制作需求。

【效果展示】：例如，下面这段AI视频中，展现了“茂密”“清晰”“春天”“纹路”等视觉细节元素，呈现出了一个和谐而生动的自然与人文景观效果，如图10-12所示。

图 10-12　效果展示

下面介绍通过描述视觉细节来生成视频的操作方法。

步骤 01 进入即梦AI App，点击“视频生成”按钮，进入相应的界面，输入相应的提示词，用于指导AI生成特定的视频，如图10-13所示。

步骤02 点击“生成”按钮，开始生成视频，并显示生成进度，如图10-14所示。

步骤03 稍等片刻，即可生成相应的视频，效果如图10-15所示。

图 10-13　输入相应的提示词

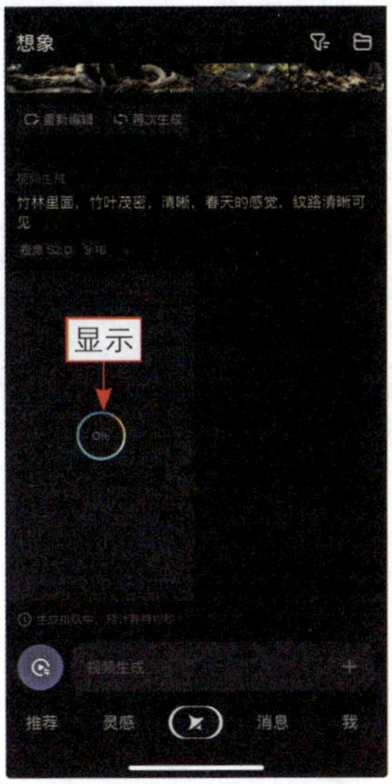

图 10-14　显示生成进度

图 10-15　生成相应的视频

10.2　设置比例，生成完美的动态视频

在“视频生成”界面中，用户可以根据自己的需求选择视频比例，这些参数是预先设定好的，主要包括3种类型：横幅视频、方幅视频和竖幅视频，本节主要介绍横幅视频和竖幅视频的生成方法。

用户在输入了视频的文字描述之后，可以根据视频内容和目标发布平台的特点，选择合适的视频比例。横幅视频适用于传统的宽屏观看体验，方幅视频则适合社交媒体平台，而竖幅视频则迎合了人们在移动设备上观看的习惯。

10.2.1　生成横幅视频

扫码看教学视频

横幅视频，通常指的是具有横向宽屏比例的视频格式，这种格式的视频在视觉上能够提供更宽广的视野和更丰富的场景内容。横幅视频的预设参数主要包括16：9、21：9和4：3这3种，非常适合展示场景的深度和宽度，适用于叙事性内容，如电影、电视剧和纪录片。横幅视频的比例更符合人眼的视觉习惯，观看时可以减少头部转动，提供更舒适的观看体验。

【效果展示】：如果视频内容是风景或者需要展示宽广视野的场景，横幅视频可能是最佳选择，效果如图10-16所示。

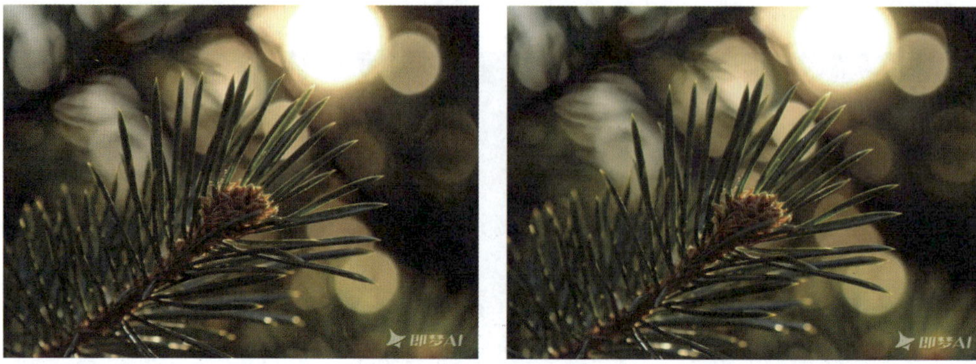

图 10-16　效果展示

下面介绍生成横幅视频的操作方法。

步骤 01 进入即梦AI App，点击“视频生成”按钮，进入相应的界面，输入相应的提示词，用于指导AI生成特定的视频，如图10-17所示。

步骤 02 ❶点击▤按钮；❷在“选择比例”选择区中选择4：3选项，如图10-18所示，让AI生成横幅视频。

步骤 03 点击“生成”按钮，即可生成一段视频，如图10-19所示。

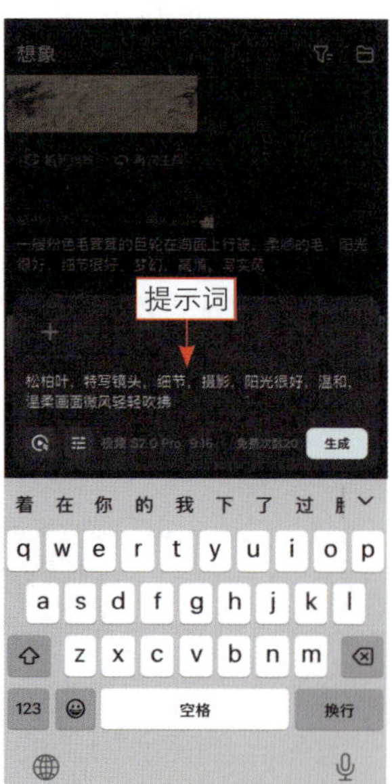

图 10-17　输入相应的提示词

图 10-18　选择 4 ：3 选项

图 10-19　生成一段视频

10.2.2　生成竖幅视频

扫码看教学视频

竖幅视频的高度大于宽度，常见的比例有3：4、9：16等，这与传统的横幅视频相反。竖幅视频在智能手机和移动设备上观看时更为流行，因为人们通常以竖屏形式持握和操作这些设备。下面是竖幅视频的主要特点。

❶ 集中的视觉焦点：由于屏幕较窄，竖幅视频能够将观众的注意力集中在画面的垂直中心线上，有助于突出主体和细节。

❷ 社交媒体友好：许多社交媒体平台，如抖音、快手、Snapchat、Instagram和TikTok等，都支持竖幅视频，并经常优先展示这种格式的内容。

❸ 适合个人化内容：竖幅视频非常适合展示个人化的内容，如Vlog、个人故事、教程和生活记录。

❹ 交互性强：由于在竖屏模式下用户可以单手操作设备，竖幅视频可以提供更便捷的交互体验，适合快速浏览和切换内容。

❺ 垂直广告：竖幅视频也常用于移动设备上的广告，因为它们能够更有效地吸引用户的注意力，尤其是在用户滚动浏览内容时。

❻ 沉浸式体验：在手机等移动设备上，竖幅视频提供了一种沉浸式的观看体验，观众可以更直接地与内容互动。

❼ 故事叙述：竖幅视频格式适合叙述故事，特别是当故事内容围绕个人或小规模场景展开时。

❽ 展示细节：竖幅视频在呈现上具有独特魅力，它能够突出展示垂直方向上的诸多细节。比如，在展现建筑物时，可以强调其高度和垂直线条的延伸感；树木的挺拔身姿在竖幅视频中更显生命力；对于人物的全身像，则能完整地展现出姿态和着装细节。

❾ 创新构图：竖幅视频以其独特的画面比例，鼓励用户在创作时采用更多富有新意的构图技巧。这种格式能够自然地适应各种垂直的视觉空间，如高楼大厦、树木林立的公园小径或人物的全身特写，使画面更加引人入胜且充满艺术感。

【效果展示】：使用竖幅视频格式可以很好地展示主体，尤其是当展示风格和样貌时，不仅能够展示风格的特别，还可以展示主体的宏伟，而且可以呈现出视频规模，效果如图10-20所示。

图 10-20　效果展示

下面介绍生成竖幅视频的操作方法。

步骤 01 进入即梦AI App，点击“视频生成”按钮，进入相应的界面，输入相应的提示词，用于指导AI生成特定的视频，如图10-21所示。

步骤 02 ❶点击▦按钮；❷在“选择比例”选择区中选择9：16选项，如图10-22所示，让AI生成竖幅视频。

步骤 03 点击“生成”按钮，即可生成相应的视频，效果如图10-23所示。

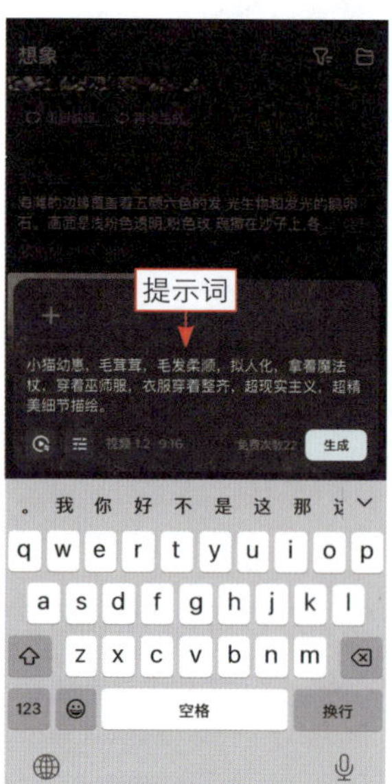

图 10-21　输入相应的提示词

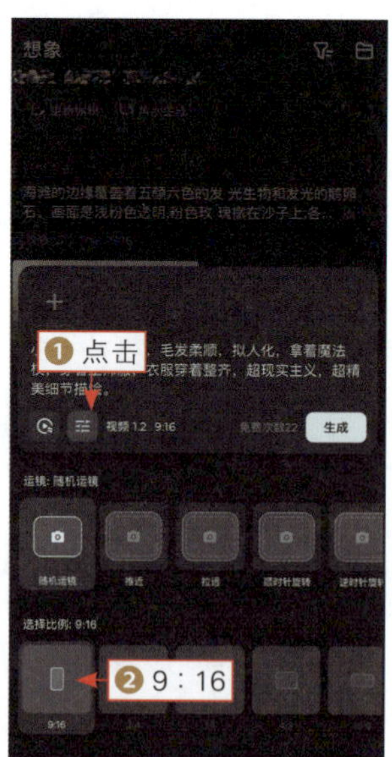

图 10-22　选择 9 ： 16 选项

图 10-23　生成相应的视频

本章小结

本章首先介绍了文生视频的创作逻辑，包括主体部分、场景设置及视觉细节；接着探讨了通过设置比例与模型生成完美的动态视频的方法，包括横幅和竖幅视频的生成。

课后实训

以下是精心设计的课后实训项目，旨在通过实践加深读者对知识点的理解和记忆。请认真参与每项练习，以实现知识的内化和应用。

扫码看教学视频

【实训任务】： 通过使用详细的技术和风格提示词，AI能够生成具有高度创意和专业水准的视频内容，满足用户的艺术愿景，并为观众带来引人入胜的视觉体验。请在即梦AI App中使用详细的技术和风格提示词生图，效果如图10-24所示。

图 10-24　效果展示

下面介绍通过描述技术和风格来生成视频的操作方法。

步骤 01 进入即梦AI App，点击“视频生成”按钮，进入“想象”界面，输入相应的提示词，用于指导AI生成特定的视频，如图10-25所示。

步骤 02 点击“生成”按钮，开始生成视频，并显示生成进度，如图10-26所示。

步骤 03 稍等片刻，即可生成相应的视频效果，如图10-27所示，点击“重新编辑”按钮，对提示词和生成参数进行修改，从而生成更符合用户期望的视频效果。

图 10-25　输入相应的提示词

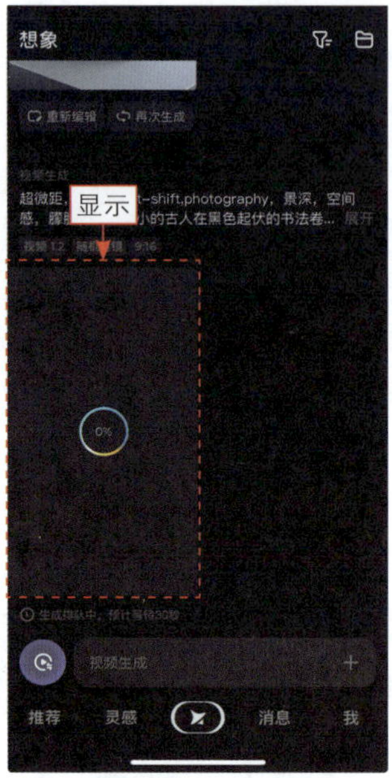

图 10-26　显示生成进度

图 10-27　生成相应的视频效果

第11章　图生视频

本章深入探索图生视频领域，首先揭秘两种创新方式：图文结合与尾帧技术，让静态图像跃然屏上；紧接着探索视频剪辑的边界，从视频的重生成到时长的延伸，拓展视频创作的可能性。

11.1 图生视频的两种方式

在利用AI生成视频的世界里，将静态的图像转化为动态视频的艺术正变得日益丰富和容易。随着人工智能技术的飞速发展，现在有多种方法来实现这一创造性的转换。本节主要介绍即梦AI平台上的两种图生视频方式：图文结合实现图生视频，以及使用尾帧实现图生视频。

11.1.1 图文结合实现图生视频

扫码看教学视频

【效果展示】：图文结合实现图生视频是一种更为综合的创作方式，不仅利用了图像的视觉元素，还结合了文字描述来增强视频的叙事性和表现力。这种方法为用户提供了更大的创作自由度，使他们能够通过文字引导AI生成更加丰富和个性化的视频内容，效果如图11-1所示。

图 11-1 效果展示

下面介绍通过图文结合实现图生视频的操作方法。

步骤 01 进入“想象”界面，在界面下方点击按钮，如图11-2所示，进入相应的面板，选择一张图片，即可上传参考图。

步骤 02 在下方的输入框输入相应的提示词，用于指导AI生成特定的视频，如图11-3所示。

步骤 03 点击“生成”按钮，即可生成相应的视频，效果如图11-4所示。

图 11-2　点击+按钮

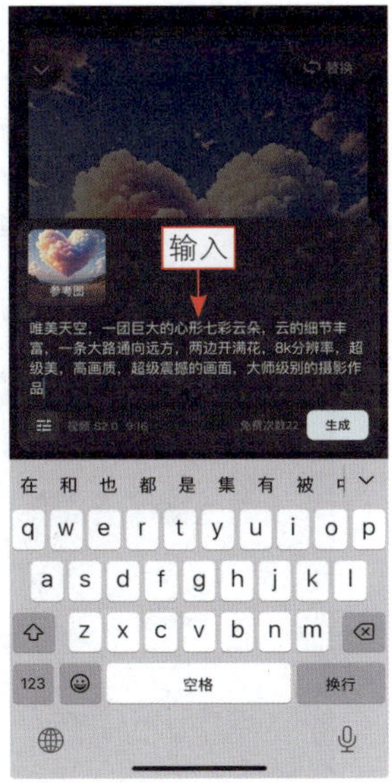

图 11-3　输入相应的提示词

图 11-4　生成相应的视频

11.1.2　使用尾帧实现图生视频

扫码看教学视频

【效果展示】：使用尾帧实现图生视频是一种高级技术，通过定义视频的起始帧（即首帧）和结束帧（即尾帧），让AI在两者之间生成平滑的过渡和动态效果，效果如图11-5所示。

图 11-5　效果展示

下面介绍使用尾帧实现图生视频的操作方法。

步骤 01 进入“想象”界面，点击+按钮，如图11-6所示，上传参考图。

步骤 02 弹出相应的界面，点击“首尾帧”按钮，如图11-7所示，启用该功能，尾帧允许用户精确定义视频结束时的确切画面，对视频最终视觉效果进行完全控制。

步骤 03 点击“尾帧”按钮，上传一张参考图，作为AI视频的结束帧。如图11-8所示。这里首尾帧的照片是同一张，但用户可以使用不同的照片，制作的视频效果更佳，操作步骤是相同的。

步骤 04 输入相应的提示词，用于指导AI生成特定的视频，如图11-9所示。

图 11-6　点击+按钮

图 11-7　点击“首尾帧”按钮

步骤 05 点击“生成”按钮，即可生成相应的视频，效果如图11-10所示。

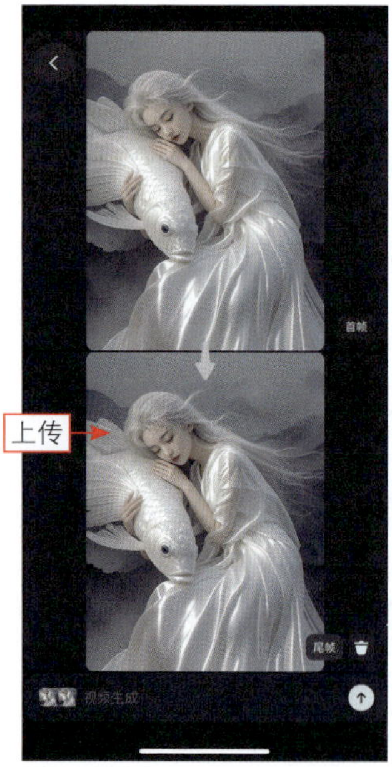

图 11-8　上传一张参考图

图 11-9　输入相应的提示

图 11-10　生成相应的视频

11.2　再次生成与设置视频时长

即梦AI平台提供了一系列工具和功能，使用户能够轻松地再次生成视频和设置视频时长。本节主要介绍使用即梦AI再次生成视频与设置视频时长的方法。

11.2.1　再次生成视频

【效果展示】： 在利用AI创作和编辑视频的过程中，用户可能会遇到需要对现有视频进行重新生成或调整的情况。此时，即梦AI的再次生成功能可以满足用户对视频内容的高标准和个性化需求，效果如图11-11所示。

扫码看教学视频

图 11-11　效果展示

下面介绍再次生成视频的操作方法。

步骤 01 在“想象”页面中，点击按钮，如图11-12所示，上传一张参考图。

步骤 02 在下方的输入框输入相应的提示词，如图11-13所示。

步骤 03 点击按钮，如图11-14所示。

步骤 04 ❶稍等片刻，即可生成相应的视频；❷点击“重新编辑”按钮，如图11-15所示，即可根据自身需求重新更改提示词。

图 11-12　点击按钮

图 11-13　输入相应的提示词

图 11-14　点击按钮

步骤 05 点击按钮，弹出相应的面板，如图11-16所示。

步骤 06 在“运镜”选项区中，选择“推近”选项，如图11-17所示，将视频设置为推近运镜效果。

图 11-15　点击“重新编辑”按钮

图 11-16　点击按钮

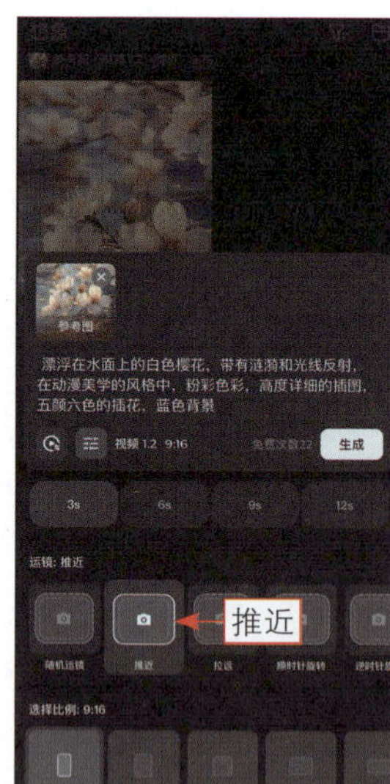

图 11-17　选择“推近”选项

步骤 07 点击“生成”按钮，如图11-18所示，即可生成相应的视频。

步骤 08 在视频效果下方，点击“再次生成”按钮，如图11-19所示。

步骤 09 执行操作后，即可重新生成视频，效果如图11-20所示。

图 11-18　点击“生成”按钮

图 11-19　点击“再次生成”按钮

图 11-20　重新生成视频

11.2.2　设置视频时长

扫码看教学视频

【效果展示】：在使用即梦AI生成视频时，用户可以对视频的时长进行设置，从而生成时长更长的AI短视频，效果如图11-21所示。

图 11-21　效果展示

下面介绍设置视频时长的操作方法。

步骤 01 进入“想象”界面，点击■按钮，如图11-22所示，上传参考图。

步骤 02 在下方的输入框输入相应的提示词，如图11-23所示。

步骤 03 ❶点击■按钮；❷在“视频时长”选项区中选择6s选项；❸在“运镜”选项区中选择“拉远”选项；❹点击“生成”按钮，如图11-24所示，即可生成时长更长、内容更丰富的视频。

图 11-22　点击■按钮

图 11-23　输入相应的提示词

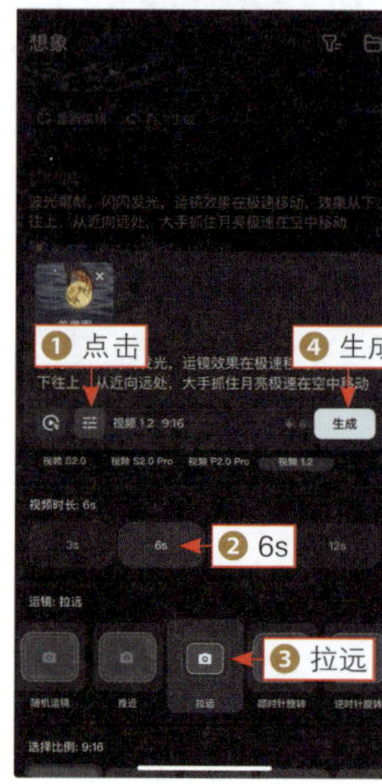

图 11-24　点击“生成”按钮

本章小结

本章首先介绍了图生视频的两种创作方式，包括图文结合、使用尾帧等技术手段；接着深入探讨再次生成视频与设置时长的技巧。

课后实训

扫码看教学视频

以下是精心设计的课后实训项目，旨在通过实践加深读者对知识点的理解和记忆。请认真参与每项练习，以实现知识的内化和应用。

【实训任务】：生成对口型视频是即梦AI的一大亮点，该功能利用AI技术将音频与人物的口型完美同步，创造出既真实又具有吸引力的视频内容，在语言教学、广告宣传等多个领域都有着广泛的应用，请运用即梦AI App生成一段对口型视频，效果如图11-25所示。

图 11-25　效果展示

下面介绍生成对口型视频的操作方法。

步骤 01 进入“想象”页面中，点击按钮，如图11-26所示，上传一张参考图。

步骤 02 在界面下方，点击“对口型”按钮，如图11-27所示。

步骤 03 展开“选择对口型音色”面板，❶输入相应的朗读文案；❷选择“高冷御姐”选项；❸点击按钮，如图11-28所示，即可生成对口型视频。

图 11-26　点击按钮

图 11-27　点击“对口型”按钮

图 11-28　点击按钮

第12章　即梦AI智能新玩法

本章探索即梦AI剪辑新应用，涵盖作品细节提升、智能扩图及音乐生成，介绍AI如何为艺术创作带来革命性变革。

12.1　利用 AI 通过局部重绘提升作品细节

局部重绘是一种常用的AI图像编辑技术，它允许用户对图像的特定部分进行选择性的重新绘制或修改，在数字绘画、照片修复、广告制作和电影特效等多个领域都有着广泛的应用。本节主要介绍即梦AI局部重绘功能的使用方法，帮助大家创造有趣的视觉效果，让作品更加吸引人。

12.1.1　添加重绘蒙版

扫码看教学视频

【效果对比】：在对图像进行局部重绘处理时，用户可以利用画笔工具来精确地定义需要重绘的蒙版区域。例如，在花朵照片处理项目中，局部重绘可以用来创造或修改花瓣特征，如改变花瓣形状和花瓣上面的动物，增强画面的视觉效果，原图与效果图对比如图12-1所示。

图 12-1　原图与效果图对比

下面介绍添加重绘蒙版的操作方法。

步骤 01 打开即梦AI网页版，在“AI作图”选项区中单击“图片生成”按钮，进入“图片生成”页面，单击“导入参考图”按钮，如图12-2所示。

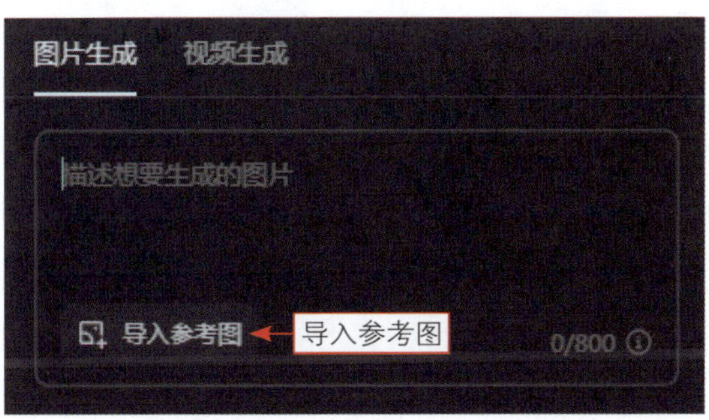

图 12-2　单击“导入参考图”按钮

步骤 02 执行操作后，弹出“打开”对话框，❶选择相应的参考图；❷单击“打开”按钮，如图12-3所示，即可上传参考图。

步骤 03 弹出“参考图”对话

框，单击“保存”按钮，如图12-4所示，保存图片的参考维度。

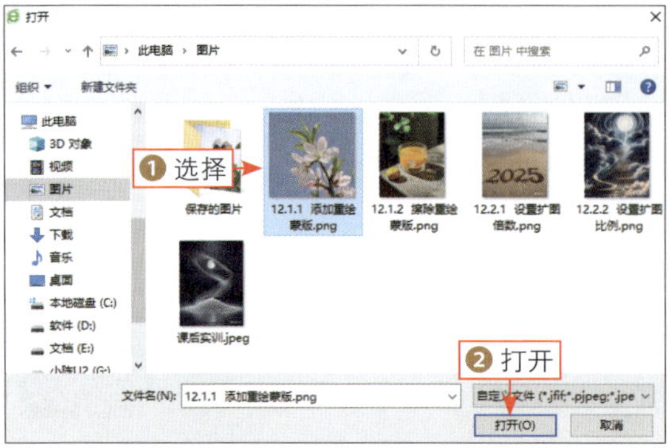

图 12-3　单击“打开”按钮

图 12-4　单击“保存”按钮

步骤 04 输入提示词，单击“立即生成”按钮，即可生成4张图像，选择一张合适的图像，❶单击图像上方的按钮；❷在弹出的列表中，选择“去画布进行编辑”选项，如图12-5所示。

图 12-5　选择“去画布进行编辑”选项

步骤 05 进入相应的页面，单击“局部重绘”按钮，如图12-6所示。

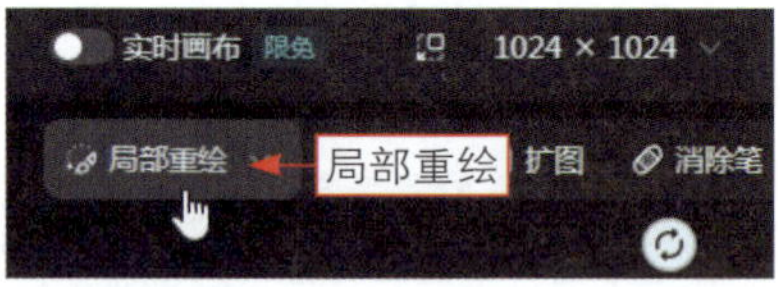

图 12-6　单击“局部重绘”按钮

步骤 06 即可使用画笔工具在需要修改的地方上面涂抹，添加重绘蒙版，如图12-7所示。

步骤 07 ❶使用相同的操作方法，涂抹整个花瓣，在整个花瓣区域添加重绘蒙版；❷在“局部重绘”对话框下方的文本框中，输入相应的提示词，用于指导AI生成特定的图像，如图12-8所示。

图 12-7　在需要修改的地方上面涂抹

图 12-8　输入相应的提示词

步骤 08 单击“局部重绘”按钮，即可在重绘蒙版区域生成相应的图像，而其他非蒙版区域的图像不会产生任何变化，如图12-9所示。

图 12-9　生成相应的图像

12.1.2　擦除重绘蒙版

【效果对比】：在创建重绘蒙版的过程中，如果用户需要修正或移除蒙版上的某些部分，可以使用橡皮擦工具来精确地擦除多余的蒙版区域。橡皮擦工具是绘制重绘蒙版时不可或缺的辅助工具，它提供了强大的编辑能力，帮助用户实现精确的蒙版创作。通过不断练习和熟悉这些工具的使用，用户可以更加自如地掌握图像编辑技巧，创作出更加专业和个性化的作品，原图与效果图对比如图12-10所示。

扫码看教学视频

图 12-10　原图与效果图对比

下面介绍擦除重绘蒙版的操作方法。

步骤 01 进入“图片生成”页面，输入相应的提示词，单击“立即生成”按钮，即可生成相应的图像，如图12-11所示。

图 12-11　生成相应的图像

步骤 02 选择合适的图像，❶单击图像上方的···按钮；❷在弹出的列表中，选择“去画布进行编辑”选项，如图12-12所示。

图 12-12　选择“去画布进行编辑”选项

步骤 03 进入相应的页面，❶单击“局部重绘”按钮；❷使用画笔工具涂抹主体图像，添加重绘蒙版区域，如图12-13所示。

步骤 04 在“局部重绘”对话框中，❶选取橡皮擦工具；❷适当调小橡皮擦工具；❸使用橡皮擦工具擦除重绘蒙版上不需要的部分，如图12-14所示。

图 12-13　涂抹主体图像

图 12-14　擦除重绘蒙版上不需要的部分

步骤 05 输入相关的提示词，单击“局部重绘”按钮，即可在重绘蒙版区域生成相应的图像，而其他非蒙版区域图像的变化则不大，效果如图12-15所示。

图 12-15　生成相应的图像

12.2 利用智能扩图拓展图片边界

即梦AI的智能扩图功能是一种先进的AI图像处理技术，它通过人工智能算法对图像进行分析和处理，以实现对图像画布的智能放大和场景的扩展。本节主要介绍使用即梦AI智能扩图功能的相关技巧，为图像编辑和创意产业带来更多的可能性。

12.2.1 设置扩图倍数

扫码看教学视频

【效果对比】：即梦AI的智能扩图功能支持1.5x、2x、3x等多倍数图像放大，让用户根据需求灵活调整图像尺寸，满足展示或高质量打印的不同需求，原图与效果图对比如图12-16所示。

图 12-16 原图与效果图对比

下面介绍设置扩图倍数的操作方法。

步骤 01 在“图片生成”页面中，单击“导入参考图”按钮，如图12-17所示。

步骤 02 执行操作后，弹出“打开”对话框，❶选择相应的参考图；❷单击“打开”按钮，如图12-18所示，即可上传参考图。

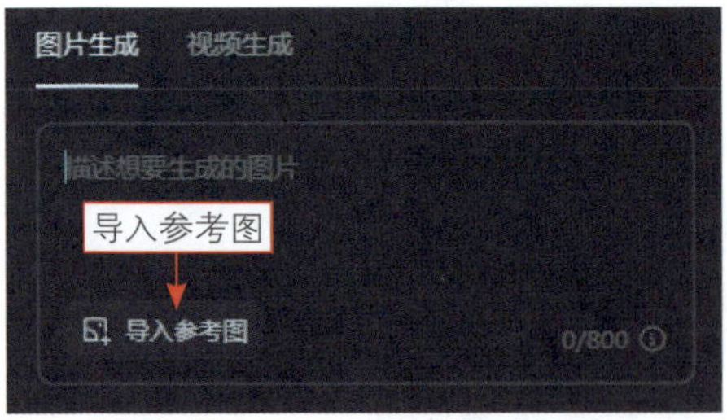

图 12-17 单击“导入参考图”按钮

图 12-18 单击“打开”按钮

步骤 03 弹出“参考图”对话框，选中“角色特征”单选按钮，如图12-19所示，让AI参考图片的角色特征进行创作。

图 12-19　选中“角色特征”单选按钮

步骤04 单击“保存”按钮，完成参考项的设置，单击“立即生成”按钮，即可生成4张图像，如图12-20所示。

图 12-20　生成相应的图像

步骤05 选择合适的图像，❶单击图像上方的⋯按钮；❷在弹出的列表中，选择“去画布进行编辑”选项，如图12-21所示。

图 12-21　选择“去画布进行编辑”选项

步骤 06 进入相应的页面，在图像上方的工具栏中，单击“扩图”按钮，弹出“扩图”对话框，❶单击1.5x按钮；❷在弹出的列表中选择2x选项，表示将图像画布扩大两倍，如图12-22所示，选择3∶4选项，改变比例。

步骤 07 不需要输入提示词，单击“扩图”按钮，执行操作后，即可生成相应的图像，AI会在参考图的基础上，绘制扩展画布中的图像，效果如图12-23所示。

图 12-22　选择 2x 选项

图 12-23　生成相应的图像

12.2.2　设置扩图比例

扫码看教学视频

【效果对比】：在使用即梦AI的智能扩图功能时，用户可以根据自己的需求选择不同的比例扩大图像场景，即梦提供了原比例以及多种预设比例选项，如1∶1、9∶16、4∶3、16∶9等。因此，智能扩图功能赋予了用户极大的灵活性，可以根据特定的展示或打印需求，选择最合适的图像比例进行扩图。无论是保持原比例忠实呈现，还是适配特定媒介的特定比例，用户都可以轻松实现，原图与效果图对比如图12-24所示。

图 12-24　原图与效果图对比

下面介绍设置扩图比例的操作方法。

步骤 01 进入“图片生成”页面，输入相应的提示词，如图12-25所示。

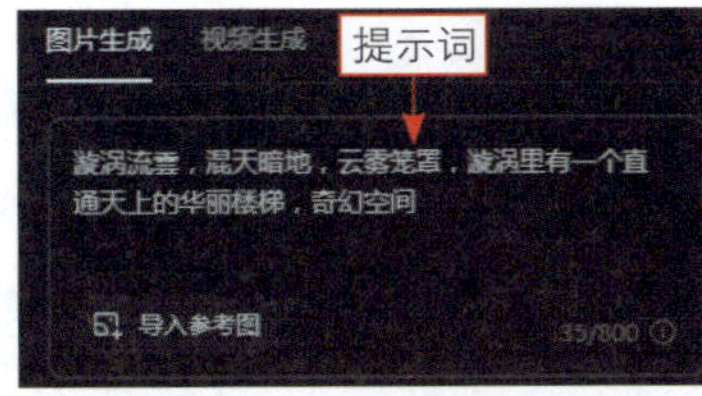

图 12-25　输入相应的提示词

步骤 02 单击“立即生成”按钮，即可生成相应的图像，如图12-26所示。

步骤 03 选择合适的图像，单击下方的“细节修复”按钮，如图12-27所示。

图 12-26　生成相应的图像

图 12-27　单击“细节修复”按钮

步骤 04 执行操作后，即可生成修复细节后的图像，❶单击图像上方的按钮；❷在弹出的列表中，选择“去画布进行编辑”选项，如图12-28所示。

步骤 05 进入相应的页面，在图像上方的工具栏中，单击“扩图”按钮，弹出“扩图”对话框，❶选择9：16选项，将画布扩展为竖图；❷输入相应的提示词，用于指导AI生成特定的图像，如图12-29所示。

图 12-28　选择“去画布进行编辑”选项

图 12-29　输入相应的提示词

步骤 06 单击“扩图”按钮，即可生成相应的图像，AI会根据提示词扩展图像上下两侧的场景，如图12-30所示。

图 12-30　生成相应的图像

12.3　用 AI 生成音乐

即梦AI的音乐生成功能，允许用户通过简单的操作一键生成音乐。用户可以选择曲风、心情和音色，系统便能自动创作出人声歌曲或纯音乐。这项功能每天提供3次免费生成音乐的机会，并且支持对生成的音乐进一步进行修改，极大地丰富了视频创作的音乐选择，提升了创作的便捷性和个性化。

扫码看教学视频

下面介绍使用即梦AI生成音乐的操作方法。

步骤01 在即梦AI网页版首页中，单击“音乐生成”按钮，如图12-31所示。

图 12-31 单击“音乐生成”按钮

步骤02 执行操作后，进入“音乐生成”页面，在“人声歌曲”选项卡中输入相应的提示词，如图12-32所示，用于指导AI生成特定的视频。

步骤03 在“音乐风格”选项区域，❶选择“民谣”选项；❷单击“立即生成”按钮，如图12-33所示。

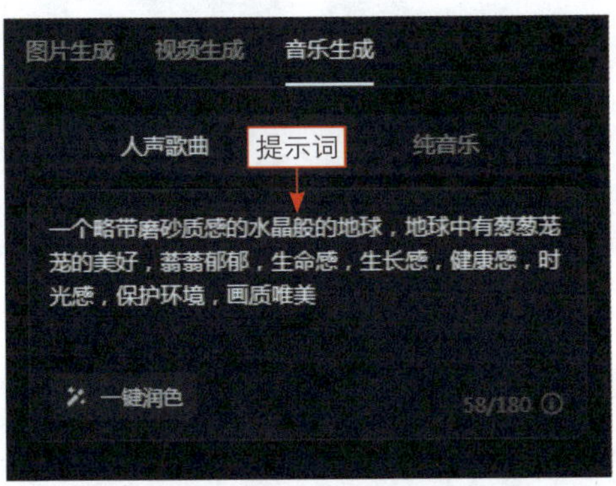

图 12-32 输入相应的提示词

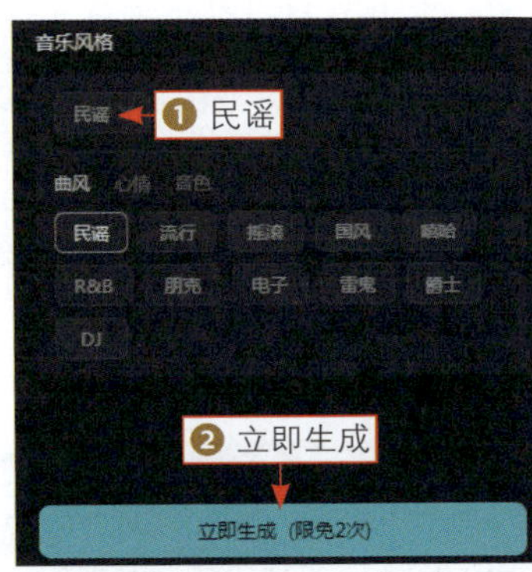

图 12-33 单击“立即生成”按钮

步骤04 稍等片刻，即可生成人声歌曲，如图12-34所示。

图 12-34 生成相应的歌曲

本章小结

本章首先介绍了AI局部重绘，通过添加或擦除蒙版来优化作品；接着讲了智能扩图，能调整倍数和比例来丰富图片；最后介绍了AI音乐功能，为即梦AI增添了亮点。

课后实训

以下是精心设计的课后实训项目，旨在通过实践加深读者对知识点的理解和记忆。请认真参与每项练习，以实现知识的内化和应用。

扫码看教学视频

【实训任务】： 参考12.2.2一节中的内容，结合运用即梦网页版设置扩图比例来生成一张图像，原图与效果图对比如图12-35所示。

图 12-35 原图与效果图对比

下面介绍设置扩图比例的操作方法。

步骤 01 进入“图片生成”页面，输入相应的提示词，单击“立即生成”按钮，即可生成相应的图像，如图12-36所示，在生成的4张图像中选择一张合适的图像，单击“细节修复”按钮。

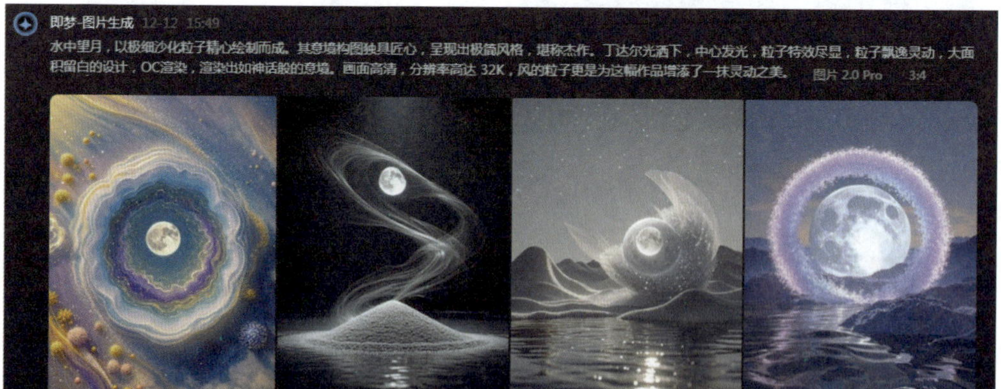

图 12-36 生成相应的图像

步骤 02 执行操作后，生成修复细节后的质量更高的图像，❶单击图像上方的 ··· 按钮；❷在弹出的列表中，选择“去画布进行编辑”选项，如图12-37所示。

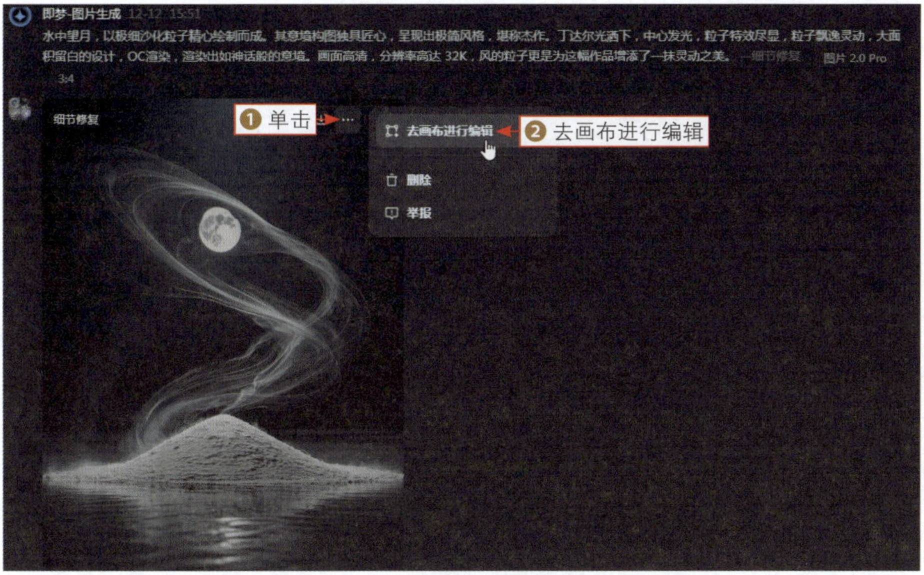

图 12-37　选择“去画布进行编辑”选项

步骤 03 进入相应的页面，在图像上方的工具栏中，单击“扩图”按钮，弹出扩图对话框，选择9：16选项，❶输入相应的提示词；❷单击“扩图”按钮，如图12-38所示，即可生成相应的图像。

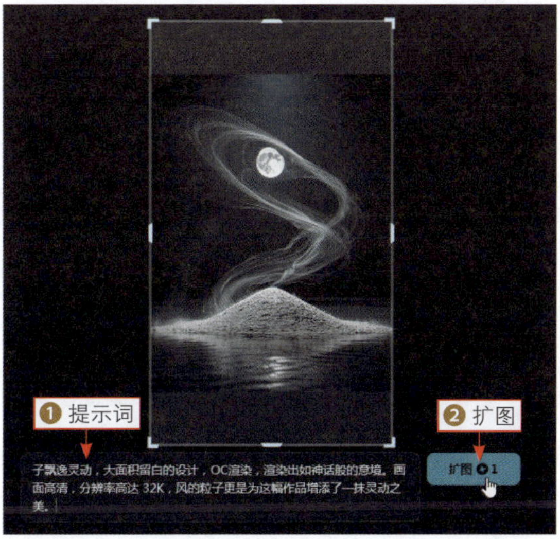

图 12-38　单击“扩图”按钮

第13章　即梦AI网页版的综合案例

即梦AI创意工具的应用边界正在不断拓展，从生成图像到制作视频，再到智能配音，各环节的功能互相结合，形成了完整的创作闭环。本章深入探讨即梦AI的多种核心功能，通过文生图、图生图、图生视频及AI配音的应用示例，全面展示其在创意表达方面的强大潜力。

13.1　即梦 AI 全流程制作效果展示

扫码看教学视频

【效果展示】：即梦AI利用AI技术，实现从文字到图像、视频及配音的多元创作，展现技术与艺术的融合与创意的多样表达，效果如图13-1所示。

图 13-1　效果展示

13.2　使用即梦 AI 以文生图

即梦AI强大的图像生成能力让许多人对这个领域充满了无限遐想，特别是它的文生图功能，只需要通过简单的文本描述，即可生成精美、生动的图像效果，这为大家的创作提供了极大的便利。

下面介绍在即梦AI网页版中以文生图的操作方法。

步骤 01 进入即梦AI网页版首页，在“AI作图”选项区域，单击“图片生成”按钮，如图13-2所示。

步骤 02 执行操作后，进入“图片生成”页面，输入相应的描述词，用于指导AI生成特定的图像，如图13-3所示。

步骤 03 单击“立即生成”按钮，即可生成4张图像，如图13-4所示，单击相应的图像，可以放大图像查看效果。

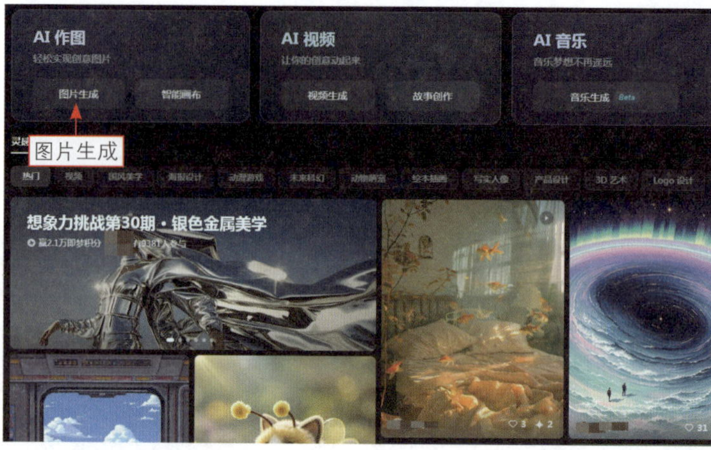

图 13-2　单击“图片生成”按钮

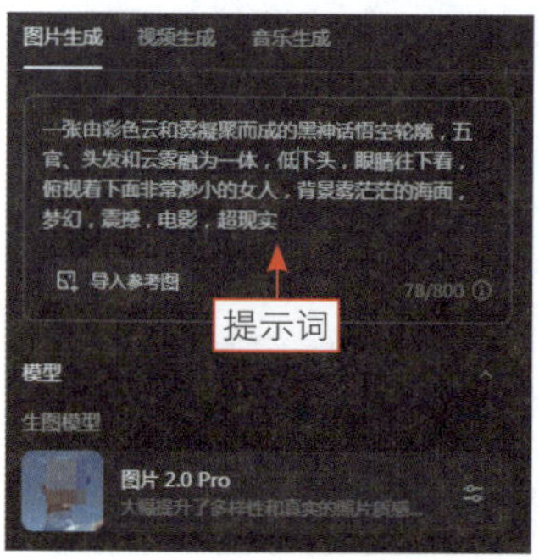

图 13-3　输入相应的提示词

图 13-4　生成 4 张图像

13.3　使用即梦 AI 以图生图

扫码看教学视频

利用即梦AI的“参考图”功能，可以参考图片主体来生成AI图片。AI首先会识别参考图片中的主要对象或视觉焦点，包括人物、动物或物体等，然后分析参考图片的风格和视觉特征。在生成新图片时，AI会尝试保持参考图片中的角色形象不变，同时对背景、动作或其他元素进行变化。

下面介绍在即梦AI网页版中以图生图的操作方法。

步骤 01 进入“图片生成”页面，单击“导入参考图”按钮，如图13-5所示。

步骤 02 执行操作后，弹出“打开”对话框，❶选择需要上传的参考图；❷单击“打开”按钮，如图13-6所示，上传参考图，并弹出“参考图”对话框。

步骤 03 选中“智能参考”单选按钮，如图13-7所示，此时AI会自动识别参考图的大概特征。

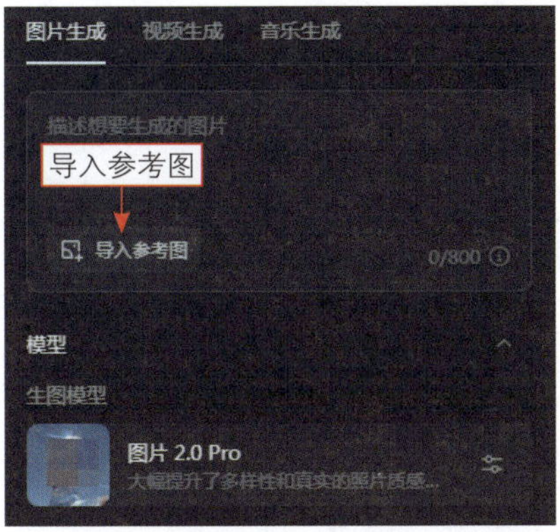

图 13-5　单击“导入参考图”按钮

图 13-6　单击“打开”按钮

步骤 04 单击“保存”按钮，返回“图片生成”页面，输入框中显示了已上传的参考图，输入相应的提示词，如图13-8所示，指导AI生成特定的图像。

图 13-7　选中“智能参考”单选按钮

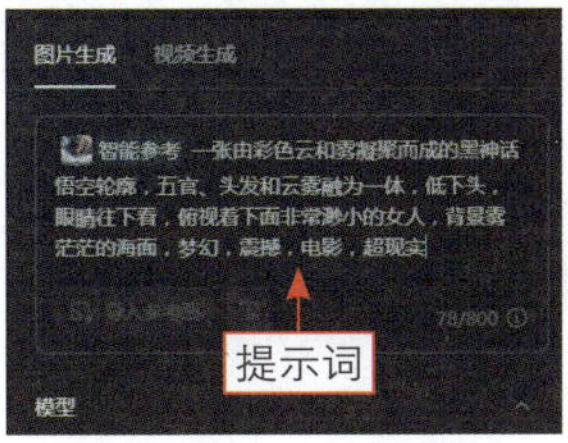

图 13-8　输入相应的提示词

步骤 05 单击“立即生成”按钮，即可生成4幅相应的AI图像，如图13-9所示，这里选择的是第1张图像。

图 13-9　生成 4 幅相应的 AI 图像

13.4 使用即梦 AI 以图生视频

扫码看教学视频

利用单图快速实现图生视频是一种高效的AI视频生成技术，它允许用户仅通过一张静态图片迅速生成视频内容。这种方法非常适合需要快速制作动态视觉效果的场合，无论是社交媒体的短视频，还是在线广告的快速展示，都能轻松实现。

下面介绍在即梦AI网页版中以图生视频的操作方法。

步骤 01 进入即梦AI网页版首页，在“AI视频”选项区域，单击“视频生成”按钮，进入“视频生成”页面，在“图片生视频”选项卡中单击“上传图片”按钮，如图13-10所示。

步骤 02 执行操作后，弹出“打开”对话框，❶选择相应的参考图；❷单击“打开”按钮，如13-11所示，即可上传参考图。

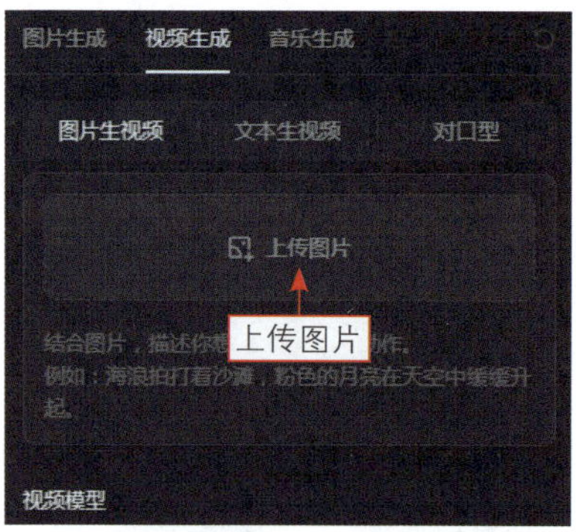

图 13-10 单击“上传图片”按钮

图 13-11 单击“打开”按钮

步骤 03 单击“生成视频”按钮，即可开始生成视频，并显示生成进度。稍等片刻，即可生成相应的视频，效果如图13-12所示。

图 13-12 生成相应的视频

13.5　使用即梦 AI 进行配乐

扫码看教学视频

AI配乐技术为作品注入了生动的声音元素，使内容更具表现力。从自动化生成到多种语音风格选择，即梦AI的AI配乐功能展现了智能技术与艺术结合的独特魅力，为创作提供了更便捷高效的解决方案。

下面介绍使用即梦AI进行AI配乐的操作方法。

步骤 01 接上一例继续操作，在生成的视频右下角单击“AI配乐”按钮，如图13-13所示，给视频添加背景音乐。

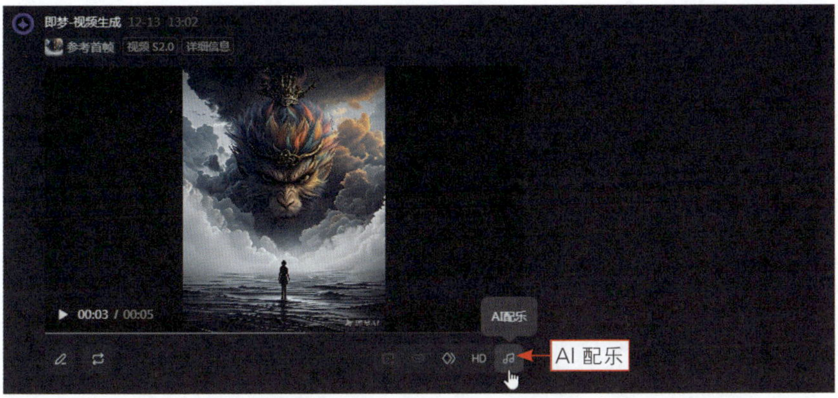

图 13-13　单击“AI 配乐”按钮

步骤 02 在“AI配乐”界面中，选中“根据画面配乐”单选按钮，如13-14所示，选择配乐方式。

步骤 03 单击“生成AI配乐”按钮，即可生成3首配乐，如13-15所示，根据自身需求为视频选择一首配乐。

图 13-14　选中“根据画面配乐”单选按钮

图 13-15　即可生成 3 首配乐

AI